科学新视角丛书

新知识　新理念　新未来

身处快速发展且变化莫测的大变革时代，我们比以往更需要新知识、新理念，以厘清发展的内在逻辑，在面对全新的未来时多一分敬畏和自信。

恐惧的本质：
野生动物的生存法则

[美]丹尼尔·T. 布卢姆斯坦(Daniel T. Blumstein) 著
温建平 译

上海科学技术出版社

图书在版编目（CIP）数据

恐惧的本质 : 野生动物的生存法则 / (美) 丹尼尔·T. 布卢姆斯坦 (Daniel T. Blumstein) 著 ; 温建平译. -- 上海 : 上海科学技术出版社, 2023.3
(科学新视角丛书)
书名原文: The Nature of Fear: Survival Lessons from the Wild
ISBN 978-7-5478-5910-0

Ⅰ. ①恐… Ⅱ. ①丹… ②温… Ⅲ. ①野生动物—生存竞争—普及读物 Ⅳ. ①Q958.12-49

中国国家版本馆CIP数据核字(2023)第037991号

上海市版权局著作权合同登记号 图字：09-2021-0537 号

封面图片来源：视觉中国

恐惧的本质：
野生动物的生存法则

[美]丹尼尔·T. 布卢姆斯坦(Daniel T. Blumstein) 著
温建平 译

上海世纪出版(集团)有限公司
上海科学技术出版社 出版、发行
(上海市闵行区号景路159弄A座9F-10F)
邮政编码201101 www.sstp.cn
上海中华印刷有限公司印刷
开本 787×1092 1/16 印张 15.25
字数 190千字
2023年3月第1版 2023年3月第1次印刷
ISBN 978-7-5478-5910-0/N·251
定价：59.00元

献给我的学生和同事们，

从你们那里我学到了很多。

推荐序

恐惧是人类的一种基本情绪，在日常生活中经常出现。作为一种负面情绪，人们并不喜欢它，总想将它摆脱。在过去三年艰苦的新冠病毒抗疫历程中，我们经历了疫情初期的谈疫色变；到初战告捷之后的小心谨慎；之后一波波阻断境外病毒的如履薄冰；以及2022年底，感染前的如临大敌，感染后的心有余悸。但是，正如同良药苦口，恐惧使得人类能够预见、防范、躲避危害，从而时时保护我们，人类因此得以在复杂多变的环境中生存。如果没有我们个人、社会、国家对于新冠病毒的恐惧，我们所承受的损失将难以估量。因此，虽然恐惧不像快乐情绪那么受人待见，但是任何一个理性的人与社会都会直面它，认真地思考恐惧的本质。

加州大学洛杉矶分校的行为生态学家丹尼尔·T. 布卢姆斯坦所著的《恐惧的本质：野生动物的生存法则》（*The Nature of Fear: Survival Lessons from the Wild*）就是这样一本书，它的原著完成于新冠疫情传播之初的2020年，由温建平老师翻译完成于疫情末期的2023年。仔细阅读这本书，并结合我们的经历，相信读者们会有更多的收获。

作为一位资深的行为生态学家，布卢姆斯坦一直从事野生动物的行为学研究，并特别关注动物的恐惧情绪与反捕食行为。但是，本书并不是一本专业论著，作者用通俗易懂的科普语言，介绍了大量有趣、令人深思的特定动物的恐惧行为，从神经生理学角度阐述了恐惧的生物学机制，从比较生物学角度列举了这些行为在其他动物中的异同之处，接着以进化史的角度来进行解释，试图以成本最小化的决策论来看待面对恐惧的保守与激进策略，并延展到人类的个体乃至于社会行为，对美国社会中的吸毒、枪杀、9·11事件后的国家安全，以及当代人类社会共同面临的环保问题进行了发人深省的点评。因此，本书涵盖了生态、生理、心理、媒体、经济、社会等不同学科，是一本集中在恐惧这一个特定问题上的多学科交叉的大作。

值得关注的是，这本书的完成与作者布卢姆斯坦本人的广泛涉猎密不可分。他与研究不同动物的学者保持着密切合作，这样他围绕旱獭展开的很多工作得以在其他物种中进行比较，从而抽提出普适的规律，这个过程中强调逻辑论证的思维过程。布卢姆斯坦突破传统的行为观察方法，利用现代生理与生化研究手段以及贝叶斯算法等数学工具，深入解读规律背后的机制，这个过程中强调多手段的综合论证。他在9·11事件之后，加入美国国家生态分析与综合中心，协同古生物学、演化心理学、神经科学、动物学、政治学、决策理论、自杀性恐怖主义等多个方面的专家，创建自然安全这个高度综合的领域，把来自完全不同领域的理论和实证结果联系在一起，这个过程中强调多学科的融会贯通。这些事例在本书中大量呈现，精彩纷呈。我想，在新时代下，面对人工智能在模式识别等封闭性问题上的突破性进展与挑战，对于现代社会中专注于特定方向的专才而言，本书特别有启发作用。

对于不同的读者，本书提供了“不同风味的大餐”。对于强调趣味性的读者而言，本书呈现出大自然中各种不同野生动物有趣的行为方式，如旱獭出洞后的左顾右盼，听到同伴报警后的故作镇静；鱼类水箱中通入捕食者的皮肤碎片浸润过的水后，爆炸式的反应；澳大利亚孤立小岛上的袋鼠对于素未谋面的捕食者的反应，让人想到是否黔之驴的故事错了。诸如此类，不胜枚举。对于思辨型的读者而言，本书是绝好的思维训练资料库，作者一个接着一个的结果描述，一层接着一层的正反论证，读者好似目睹侦探柯南破案一般，"案件"往往峰回路转，出乎意料，但事后品味，却颇有意味。

对于专业读者而言，本书可谓他山之玉。本人作为神经科学研究者，在看待本书描述的动物行为时，一直在不断与所知的神经生物学机制进行印证，获得了大量来自其他学科的佐证。当然，在看待作者对某些行为结果的解读时，也会有不同意见，这些往往会激发新的想法与实验。

本书的中译本严谨准确，确保专业性的同时还很好地兼顾了可读性。相信广大中文译本的读者能够从中完整体验到原著作者的意图与思想。正如布卢姆斯坦在第 12 章的 15 个信条中所言，"我们可能更害怕未知的东西，而不是已知的东西"，了解得越多，恐惧就越少。我想，对于恐惧这个情绪而言，也是如此。期待大家阅读过本书后，更多地从恐惧中获益，打破对恐惧本身的未知。

俞洪波

复旦大学生命科学学院教授

2023 年 2 月 20 日于上海

序　言

我对恐惧的理解始于1986年的肯尼亚之行。壮丽的卡卡梅加国家公园（Kakamega National Park）是西非雨林*残存的一部分，我在那里花了一个月时间研究猴子的行为。之后，乘火车先去了内罗毕，然后又去了蒙巴萨（Mombasa），从那里开始了第一段漫长的骑行之旅。我的山地自行车已经超载，后行李架上捆着一个睡袋，前行李架上绑了一顶帐篷。车子晃晃悠悠，道路坑坑洼洼，我骑车行走在碎石沥青路面和沙土路肩之间，朝着坦桑尼亚骑去。与内罗毕周边的那些泛非公路或街道不同，这条公路感觉上还算安全，车辆很少，不时有满载货物的卡车或者公共汽车驶过，喷出黑色的柴油废气。

傍晚时分，我沿着一条又长又直的山坡缓慢地往上骑着，或者说是向前挪移着，只比步行略微快一点，有过骑行经历的人都能想象得出来。我看到前面有三个年轻人蹲在路边。快到他们跟前时，我热情

* 非洲雨林曾由东到西绵延2 000多千米，横跨非洲大陆，因此作者在此说位于非洲东部的卡卡梅加国家公园为西非雨林的一部分。——译者注

地说了声“jambo”（斯瓦希里语中“你好”的意思），向他们打招呼。路过他们身边时，其中一个人弓下了腰，离开我只有几英尺（1 英尺 =0.304 8 米）远，我的余光瞥到另一个人正对我怒目而视。刹那间，一块足球大小的石头朝我的头部飞来，是其中一人扔的。我低头躲闪，用肩膀去挡了一下那块石头。令人惊讶的是，山地车虽说很重，但石头没有把我打倒。我受伤了，也非常害怕。石头正好击中了我几个星期前刚脱臼过的肩膀。我的脸痛得扭曲了，我忍着剧痛回头一看，发现那几个人正朝我冲过来。

肾上腺素瞬间涌遍了我的全身。我拼命地踩着脚踏板，无论如何，我都必须使尽全力骑车上山逃命。我不停地骑着。大概骑了几英里（1 英里 =1 609.344 米）后，我听到身后有卡车的声音。我无法确定那伙人是否会在卡车上，或者卡车上是否有人会帮我，我犹豫了一下，然后快速做出了决定。我跳下自行车，站在路当中，喘着粗气，疯狂地挥动手臂。谢天谢地，司机终于停车了。我解释了刚刚发生的事情，请求搭车。他们把我的自行车吊挂在卡车后面，告诉我这一带非常危险，人们经常受到盗贼袭击。就这样行驶了几英里后，他们放我下车。由于刚才的惊吓，这个时候我还在发抖。我对他们千恩万谢，然后就沿着一条沙土小道向蒂维海滩（Tiwi Beach）骑去。

第二天，我欣赏了壮丽的景色，探察了缤纷的珊瑚礁，品尝了鲜鱼美味，但却无法真正放松下来。我还是会不断想起那件事。情急之下，肾上腺素给了我超乎寻常的体能去狂蹬逃命，但过了很久，恐惧依然占据着我的思绪。看陌生人时，我有一种从未有过的恐惧，对独自骑行也开始有所顾忌，对自己的风险评估能力也不再充满信心。

虽然我试图忘掉这段经历，但我仍然有很多疑问。为什么这件事对我的身体和心理都有着如此深刻的影响？因为我真的害怕自己会惨遭毒打或杀害。我以前从未有过如此紧张、恐惧的经历。这与我日常的情绪反应大相径庭。肾上腺素激增时来势汹汹，也给了人超强的力量。应该就是它救了我一命！当时我的身体里发生了什么情况？这种剧烈的生理反应是如何产生的？还有什么情况能引发这种生理反应？为什么我脑海中不断回放这一创伤事件？像这样的事件会反复引发出现噩梦和创伤综合征吗？要过多长时间才能走出这件事情的阴影？

除了了解我为什么会有这样的反应，还有更为重要的，那就是，为什么我们人类会对恐怖事件做出反应，这就必须去了解我们的演化史。数百万年来，是恐惧让我们的祖先活了下来——这不仅包括我们的人类祖先，还有我们的非人类祖先。

肾上腺素反应起源于约5.5亿年前蠕虫的特殊神经系统的演化。这种特殊性需要多种神经化学物质有选择地调节和协调活动，例如对危及生命的经历和情况做出反应的控制。无论是蜷缩躲藏起来还是仓皇逃离威胁，动物都演化出了更为复杂的能力，最终演化成了反射性逃逸能力。

大约2.5亿年前，白蚁的社会性特征让人们意识到了社会性应激源的存在。这种社会性应激源就如同捕食者一样，威胁着个体的生存和繁衍能力。这些社会性应激源包括社会群体中占主导地位的个体，而作为从属个体的代价则包括无法获得食物和其他重要资源。在生存和繁衍中，人类还必须考虑到更微妙的社会性应激源，比如丧失社会经济地位或在朋友中的地位这类风险。社会地位与获得资源照顾自己和家人的能力息息相关。尽管这些社会性应激源似乎与逃逸行为相去甚远，但演化是顺应既有的，而不是从无到有创造全新的特征。一旦出现社会性威胁，它们会使用之前使用过的使其免遭捕食者伤害的生理和心理系统。因此，有理由推断，正是因为这种应对捕食者威胁能力的演化，产生了一系列化学物质和应激反应，再加上恐惧和焦虑，才使我们的祖先得以生存和繁衍。

换句话说，我们人类其实是一大帮侥幸躲过捕食者而存活下来的胆小鬼的后代。我们的灵长类动物血统是大约在6 500万—5 500万年前从树鼩类祖先中分化而来，而与我们谱系最相近的祖先是黑猩猩和倭黑猩猩，在大约700万年前我们与它们分道扬镳。我们的灵长类祖先从他们的祖先那里继承了合理应对威胁的生理能力，而这些祖先应对威胁的能力也是从他们的祖先那里继承来的。因此，经过一代又一代的演化，我们拥有了一套奇妙而又花样繁多的反捕应变能力，包括神经化学反应、行为反应、生理反应和生命史方面的反应。其中许多源于某个专门的神经系统的初始阶段。我们可以将恐惧以及对可怕情境的反应视为我们的先辈和同辈生命演化这一宏大进程中的一部分。我们可以从演化史中汲取经验，我相信，我们同样可以通过观察我们今天的生活学到很多东西。

30多年来，我一直在野外和实验室里研究反捕行为。我观察了世界各地各种各样的物种，从具有简单逃逸行为的海洋无脊椎动物，到具有全面反捕适应能力的鸟类、蜥蜴和哺乳动物都是我的观察研究对象。我对旱獭（大型高山地松鼠属）的反捕行为进行了长期而深入的综合研究，也研究了植物的反捕行为。最近，我和合作者一道在研究人类的恐惧行为。

基于共同演化的假设，我注意到了非人类和人类之间存在的许多相似之处。例如，在听到一阵雷鸣或爆竹声后，狗或猫会明显地战栗或躲藏起来。这种战栗或躲藏的行为也发生在儿童身上。狗、猫和人类有着相同的神经化学反应。恐惧将我们与祖先联系在一起，因为这是一种能确保我们在险象环生的世界中生存的机制。在本书中，我将依据我们掌握的演化知识观察动物和人类的行为，以便更好地了解动物和人类。

把人类的特征赋予非人类，我们称之为拟人论。如果认定非人类和我们人类感知事物的方式完全一样，那肯定会被认为太过草率。值得注意的是，拟人论也被专业生物学家视为禁忌，因为拟人论会诱导我们推断非人类的认知能力可以用一个简单的“刺激—反应”来解释。例如，我在遛狗前拿起狗绳时，我们的狗会“开心”吗？或者，它只是通过简单的联想就知道，我总是在出门散步之前会给它系上一条狗绳（它可以闻到狗绳上刺鼻的气味）？狗会在一天的某个特定时间“期待”食物吗？还是因为每天早上7点它的胃是空的，所以会悄悄分泌出胃酸来准备消化？支持拟人论的科学家会说，我们无法断言动物是快乐的还是悲伤的，也无法断言动物是否对食物有所期待，甚至无法断言它们是否会对特定事件做出恐惧的反应。

我既不敢断言也不相信动物感知或处理事物的方式与我们完全一样。但是，断言动物与我们都有一种相似的情感——恐惧——真的会有些牵强吗？我并不以为然。虽然有些人可能认为我们在人类身上看到的**一切**都是独一无二的，但有很多证据表明我们与祖先有许多共同的特征。灵长类动物学家弗兰斯·德瓦尔（Frans de Waal）提出了一个令人信服的理由，即我们可能过于笃信**人类优越论**（anthropodenial）。他将人类优越论定义为否认动物具有类似人的特征，而实际上，人类却有着类似动物的特征。每个物种都是经历独特演化过程的产物。然而，我们与非人类有着许多共同的神经生理机制，并且各种各样的社会性和捕食性刺激会引发相同的神经生理反应。因此，在接下来的章节中，我们将会了解到社会性应激源和捕食性应激源通常会在不同的动物类群中引发类似的反应。

重要的是，利用对非人类的各种认知来理解人类并不新奇，这在科学领域早已司空见惯。许多科学家以动物为模型系统来更好地解释人类的发育、遗传、生理、躯体和行为方面的病理。因此，我们会研究果蝇和斑马鱼，小鼠和大鼠，金丝雀和斑胸草雀，恒河猴和绢毛猴。

通过研究各种各样的动物，我们可以找到解决某个问题的多种方法。或者，我们也许会了解到，有一种独一无二且行之有效的解决方案，历经漫长演化过程却始终不变，延续至今。尼尔·舒宾（Neil Shubin）在《你内心的鱼》（*Your Inner Fish*）一书中曾贴切地写道，从演化史上看，我们与地球上的生命有亲缘关系。事实上，正是通过研究我们和动物共同的演化史，才能理解我们今天所拥有的特征。

然而，科学是通过提出假说、证实或证伪假说才不断进步的。人们不应该轻信某个假设，而应当用数据验证它并从中得出结论。我将回顾许多科学研究，并分享研究人员从他们的数据中得出的结论。有时，我还会从这些研究中提出一些适用于人类的新见解。我希望在我们的旅程结束时，这些见解有助于你理解你对某些刺激和信息做出反应的真正原因。但是，你也可以把我的讨论中得出的对人类的见解看作是基于证据的假设，因为并不是所有的假设都经过了正式验证。

从一开始，就要认识到恐惧的代价是高昂的。旷野中觅食的鸟类一看到猛禽出现，就快速集结飞逃，这样会消耗宝贵的能量。可它们成功逃脱猛禽的追捕后，也会丢掉食物来源。当阴影掠过，大砗磲会迅速蜷缩回外套膜，将外壳闭合起来。这样，大砗磲虽然能保护住自己宝贵的机体组织，却无法进行光合作用*，因而也会失去获取能量和生长的机会。而对于人类来说，经历恐慌时心跳加速、浑身冒汗、双眼圆睁，这往往会给个人的安宁、健康和效率带来很大的负面影响。每年有近 1/5 的美国成年人受某种焦虑症困扰，1/4 的人在人生的某个阶段会罹患焦虑症。

了解恐惧的本质有助于更好地了解自己，提高我们的生活质量。我的好朋友兼同事芭芭拉·纳特森–霍罗威茨（Barbara Natterson-

* 大砗磲表面的外套膜上有很多虫黄藻，虫黄藻光合作用能直接给砗磲提供能量。——译者注

Horowitz）和凯瑟琳·鲍尔斯（Kathryn Bowers）在他们合著的《共病时代》（*Zoobiquity*）中就清清楚楚地写道，认识恐惧的本质可能会对生物医学产生深远影响。提出一个看似简单的问题，“动物有________病（请填写）吗？”然后通过对不同物种的研究，人们对人类各种疾病就会有新的见解。例如，当发现有捕食者时，常见的反应是恐惧导致的心动过缓。动物们会身体僵硬，心率下降。该书的作者将这种反应追溯至鱼类有效躲避鲨鱼捕食的反捕行为。由于鲨鱼有专门的心跳探测器官，鱼在觉察到鲨鱼靠近时就会抑制自己的心跳，这样就不那么容易被发现了。他们认为，这种古老的反应是造成人类在情绪极度激动和紧张的情况下容易晕倒的原因。

尽管通过研究其他物种，我们知道人类与其他物种有着相同的行为，但我并不否认人类在许多方面都是独一无二的。毫无疑问，我们的高级认知能力是独一无二的（对拟人论不加辨别的担忧也是如此）。例如，人类语言具有人类学家约翰·霍基特（John Hockett）所说的各种“设计特征”。这些包括了诸如可学性和语义性（符号指代事物的能力），以及兼具连续差异化表达和离散表达的能力。这些能力是与一些非人类物种所共有的，但肯定不是所有物种！同时，语言可以用来撒谎或欺骗。一些非人类物种也有这种能力。幸运的是，只有一部分非人类物种拥有这种能力。但据我们所知，除人类外，几乎没有什么物种能谈论过去和未来的事物；霍基特称之为“移位性”（displacement）。蜜蜂似乎是除人类之外唯一拥有这种技能的物种；它们用摇摆舞来告诉蜂巢里的其他同伴过去获取食物的经验。谈论自己的能力、讲故事的能力、抽象推理的能力等高阶认知能力，似乎为人类所独有。

关于人类行为的大量文献也说明了我们的许多认知偏见。《认知偏差图谱》（*Cognitive Bias Codex*）巧妙地总结了这些认知偏差。例如，墨菲定律（Murphy’s Law，任何可能出错的事情都会出错）就是一个简化的认知偏差的例子。虽然在某些情况下，做最坏的假设是一个好主意，但墨菲定律和其他的认知偏差可能会导致错误的决定。因此，了解我们如何评估风险和与这些评估相关的偏见，可以帮助我们做出更好的决定。同理，为了更好地理解我们自身的恐惧，我们还必须深入研究文献，了解一些与风险承担相关的种种人类偏见。

除了了解恐惧的本质，本书的另一个目标是让你和我的科研同仁们建立起联系。我在这里使用了大量的个人故事，因此，也有意保留了主人公的名字。我还从已发表的本科阶段研究成果中挑选出一些相关的叙述和项目，并做了说明。我相信，有了正确的启发和引导，任何人都可以做出有意义的科学发现。

为了开始我们的恐惧研究之旅，我们将冒险前往巴基斯坦。在那里，一次意外的肩膀脱臼让我了解了神经生理学中的恐惧和焦虑。我们还将了解能以三种不同形式引发恐惧、具有高度一致性的刺激。事实证明，危险性刺激往往伴有可预测的声音、气味和场景，包括人类在内的许多物种都会对此做出反射性反应。具备了这些知识，我们将能更好地理解人类和动物如何管控捕食风险，增强其繁衍后代的能力。

我们将了解动物如何预见威胁，并思考这对包括创伤后应激障碍（PTSD）在内的人类行为有何启示。我们将冒险去加利福尼亚海岸的冲浪场。当时我儿子才 10 岁，那次冲浪的体验非常可怕，让他产生了持久的记忆和适应性的行为反应。我们将在令人恐惧的地理环境中漫步，了解一些聪明的生物如何降低风险，避免暴露于威胁中。我将介绍我日常研究恐惧的经济学方法：所有生物都必须在确保自身安全和满足获取其他资源的需要之间进行权衡。这一简单的基本规则是我们所有决策的基础。成功的生物必须做出抉择并承受由此而带来的风险。

在印度季风前蒸笼般的森林里，我从孔雀的叫声中学会了如何与危险共存。动物之间可以交流风险，通过和其他生物交流、听它们的声音，可以增加自己在捕食者环伺的环境中的生存概率。但恐惧和没有恐惧都会带来严重后果。我们将冒险前往我在科罗拉多的野外考察点。在那里，人类的存在改变了周围捕食者的行为。我们还将冒险前往黄石国家公园（Yellowstone National Park），在那里，狼的灭绝改变了生物景观和自然景观。在这两个案例中，恐惧的缺失都与这些变化有关。能否保护未来的生物多样性取决于如何理解恐惧所带来的影响，或许还取决于能否坦然接受大型捕食者所引发的恐惧。

要真正了解恐惧的影响，仅凭一次环球博物学考察是远远不够的。恐惧对人类无论作为个体还是作为社会整体做出的许多决策都有着深远的影响。我们将向一个由大学学者、政策专家和具有励精图治、奋发向上精神的人组成的多学科小组了解安全和防范方面的经验教训。在探险之旅的最后，我们会把新的智能工具包与人类一些重要偏见结合起来。我提出了有关风险和恐惧的15条原则，帮助我们做出更好的决定。为什么这样说呢？这是因为人类合理评估风险的能力很差。尽管每年被椰子砸死的人要比被鲨鱼咬死的人要多得多，但是人们还是更害怕被鲨鱼咬死，而不是害怕被从树上掉落的椰子砸死。通过识别和理解这些不断演化而来的偏见以及对完全可预测的应急反应的敏感性，无论是个体还是集体都能够做出更明智的决定。

掌握了这些知识，你就能更好地解读周围那些令人恐惧和由恐惧引发的情形。你会明白生活中的风险无处不在。你会意识到，正是因为恐惧，我们才演化繁衍至今，正是通过对恐惧的行为反应，非人类和人类才真正相互关联。

找一个安全舒适的地方开始阅读吧，你将开启一段狂野的旅程！

目录

第 1 章

复杂的神经化学物质

1989—1993 年，我每年花 3～6 个月的时间在巴基斯坦北部喀喇昆仑山脉（Karakoram Mountains）地区开展有关长尾旱獭（一种大型高山地松鼠）的反捕行为研究，那里景色壮美、道路崎岖、人迹罕至。这些长尾旱獭生活在一片名为“Dhee Sar”的杳无人烟的草原上，在当地瓦罕语中，“Dhee Sar”的意思是“高过人类居住的地方”。为了到达那里，我们要从喀喇昆仑公路（Karakoram Highway）上的红其拉甫国家公园（Khunjerab National Park）警察检查站开始步行。这个检查站的海拔大约是 11 000 英尺。然后越过一条河流，沿着山谷蜿蜒而上，到达一个牧民的转场营地，再向左转，攀爬一段将近 3 000 英尺高的陡峭山壁，才能到达我那个扎在海拔 14 400 英尺的研究营地。

在一次考察中，我们正准备从研究点徒步返回营地，突然，我脚下的小路塌陷了。如果稍不留神，就可能从高高的山上跌落下去，坠入岩石密布的河流之中。幸亏我左手拿着一根手杖，手杖稳稳地插在松动的碎石坡上。小路还在不断地坍塌，我最后还是猛地摔了下去。这么一摔，我的肩膀立刻脱臼了。我的肩膀曾两次脱臼，一次是在科罗拉多州滑雪的时候，一次是在肯尼亚游泳的时候。此前，我一直认为我的肩膀已经完全康复了，然而现在看来显然没有。幸运的是，我们离喀喇昆仑公路上那个公园旁边的警察检查站只有 100 码（1 码 =0.914 4 米）左右的距离，那里有一辆面包车可以把我和志愿者助手送回“文明世界”。不幸的是，我们和检查点隔着一条湍急的河流，而我早已痛不欲生。

我让助手把我安置在附近的一块大石头上。然后，我指导着团队成员在我的左手腕绑了一个沉甸甸的背包，好让紧绷的肌肉松弛下来。按道理说，肩膀会慢慢放松，然后归位，至少我看到书本上是这么写的。因为到最近的医院要一天的车程，所以我从书本学到的知识应该可以应对现在的情况。

在撕心裂肺的疼痛中，我问是否有人有安定（Valium），好放松我痉挛的肩部肌肉。由于研究点太过偏远，我之前曾要求考察队的所有成员购买治疗腹泻的药物。当看到在柜台上还可以买到安定时，大多数人都毫不犹豫地买了，所以说安定还不缺。这段经历让我想起了 1979 年的喜剧《重启人生》（*Starting Over*）中的一幕：刚刚离婚的菲尔·波特（Phil Potter）在波士顿布卢明代尔百货店（Boston Bloomingdale's）购买卧室家具时突然惊恐发作。他哥哥是精神科医生，看他呼吸短促，便问聚在周围的人：“谁有安定？”有人立刻把手伸进口袋和手提包中掏出药瓶，递了上去。我身旁的志愿者们也以类似的方式把安定递给了我。

服用了 20 毫克安定后半个小时，我彻底地放松了下来。我肩部的肌肉松弛下来了，肱骨也安全地滑入骨臼。虽然我对这件事的记忆模糊不清，但我知道是一个身材魁梧、身强力壮的牧羊人把我背过了河。我安静地待在面包车里，等待着其他人过河。那天，我因为服用了安定而昏昏沉沉。志愿者们描述我那天服药后的情形时满脸都是惊悚：

我们行驶在颠簸的道路上，我颈部肌肉异常松弛，头好像都要从我的身体上掉落下来了，摇来晃去的。因为安定和其他苯二氮卓类药物可以放松肌肉，也可以让人的心理放松。苯二氮卓类药物属于抗焦虑类药物，在威胁来临时直接作用于大脑受刺激的部位。而安定能使细胞释放一种神经化学物质，减缓大脑活动。我当时异常平静，没有害怕肩膀会遭受到的长期损伤，也没有担心路途崎岖艰险。

安定能增强神经化学物质的功效，达到放松身心的效果，而恐惧则相反。恐惧会产生一种具有高度适应性的神经化学反应，这种反应涉及大脑的特定部位、一整套专门的神经回路，以及各种包括激素和其他化学物质在内的分子，这些分子来往于神经细胞之间，穿过神经突触，通过血液系统来调节各种反应。在本章中，我们将从对人类和非人类的研究中认识这些生理和神经过程。如果我们想要理解为什么对要做的事情感到害怕，就有必要熟悉这些机制。

我们通常将恐惧视作对威胁的一种情绪反应，并没有意识到这很大程度上也是一种生理反应。然而，恐惧会激发惊吓反应，改变心率，升高血压，并让双眼瞪大。它不仅改变了我们评估疼痛的方式，也改变了我们的行为方式。这些特征与其他物种相同，因此，要了解恐惧，我们就需要回溯到我们的祖先所处的年代。我们必须追本溯源到我们的演化之根。

让我们从大约 5.5 亿年前的蠕虫状祖先及其节段式、特定化的神经系统开始。在这个祖先之前，只存在着非常简单的生物体（单细胞生物体），这些生物体要么处于活化态，要么处于静息态。之后，多细胞生物体开始演化，细胞发展出各种特定的功能。我们的蠕虫状祖先拥有特定神经系统是一项关键突破。于是，细胞可以侦测到化学物质、光、触碰或声音。其他细胞可以整合来自这些受体的信息，如果受到足够的刺激，就会触发神经元或释放神经化学物质。虽然这种功能的演化可能与获取食物有关，但也有判断威胁性刺激和躲避威胁方面的需求。

软骨鱼类（鲨鱼和鳐鱼）在大约 4.5 亿年前演化时，就可能有了一个或多或少在解剖学上类似于今天脊椎动物的自主神经系统。这一点很重要，因为这意味着交感和副交感神经系统数亿年前就已经演化出来了。这些负责调节心率和呼吸频率的互补的神经网络，在很大程度上是不受意识控制的。就人类而言，瞳孔直径的快速变化（瞳孔反应）、出汗（可以通过皮肤电反应来记录），以及面部的某些肌肉收缩（特别是眼睛和嘴巴周围的肌肉收缩），也都是由自主神经系统控制的。对敏锐的观察者来说，这些区域的快速变化可以表明情绪的唤醒。事实上，测谎仪就是通过跟踪某些问题引发的快速生理变化来进行测试的。测谎仪又称多种波动描写测试，可以监测几种生理过程，并把这些过程绘制在记录纸上。

重要的是，交感神经系统负责“或战或逃”反应，而副交感神经系统则通过将身体恢复到“休养生息”状态来应对“或战或逃”反应。因此，这些系统的演化使我们的身体能够在险境中进行有效防御。交感神经系统产生应激反应，而副交感神经系统产生一种稳态镇静反应。

多亏有了不断的演化，我们的大脑才具有了复杂的活动网络。当我们突然遭遇威胁时，就像我在肯尼亚公路上遇到的那场袭击，我们的一组大脑回路就变得异常活跃。另一些回路，如杏仁核（检测威胁神经的聚集地）和前额叶皮质参与做出威胁评估，而其他回路，诸如中脑导水管周围灰质（PAG），则快速投入战斗、逃跑和僵立反应等行为之中。

当大脑回路发出最初的警告（“危险！”）时，人体会产生一种生化反应与之响应。某些分泌儿茶酚胺 *（特别是去甲肾上腺素或正肾上

---

* 儿茶酚胺是一种含有儿茶酚和胺基的神经类物质，具有神经递质和激素的重要生理功能，包括肾上腺素、去甲肾上腺素和多巴胺。——译者注

腺素）的基因开始自我复制。关于化学名称我不想难为大家，从现在开始，我会用肾上腺素这个俗称来代替儿茶酚胺。肾上腺素是肾上腺分泌的化学物质，存在于全身的神经和组织中，它可以使呼吸道打开，瞳孔放大，同时激发肌肉立即采取救命行动。如果你开车猛打方向盘，及时避免了一场车祸，你可能会感到肾上腺素的释放。当你睁大眼睛来评估威胁或风险，张大鼻孔以获取更多的氧气来为肌肉提供动力，紧绷肌肉以便快速行动或者保护自己免受冲击时，血液中突然充满了葡萄糖这种额外的能量，为逃生提供动力。

在进行公开演讲前，你可能会感到肾上腺素分泌加速。或者如果你要冒险去陡峭的山坡滑雪，去汹涌的海浪中冲浪，或者去攀登一块岩壁的时候，你知道一旦失手就可能受伤或死亡，你就可能会感到肾上腺素的分泌开始飙升。这正是我在肯尼亚猛骑自行车向山上狂奔，逃离追赶我的那帮年轻人时的感受。我的身体进入了一种数百万年自然演化磨砺而来的防御模式。肾上腺素是一种奇妙的东西。

但是，随时准备应对危及生命的威胁是要付出代价的，必须要对我们的恐惧反应加以调节。人类的下丘脑是大脑的一部分，只有杏仁大小，位于口腔上颚的上方，与其上方豌豆大小的垂体直接相连。肾上腺位于肾脏的上方。这三个器官共同控制能量在较长时间段内的分配，共同维持并调节或战或逃反应。在肯尼亚的公路上，当我察觉到有危险时，急速分泌出的肾上腺素涌进大脑和血管，下丘脑开始分泌促肾上腺皮质素释放素（CRH）。这种物质立即刺激我的脑下垂体基因产生促肾上腺皮质激素（ACTH）。这种激素通过我血液的快速循环到达肾上腺后，触发这些腺体从胆固醇中产生类固醇皮质激素。血液循环加快是因为我的心脏正在给肌肉泵送氧气。

皮质醇和皮质酮是脊椎动物主要的应激诱导性类固醇皮质激素，哪一个更为常见会因分类不同而不同。但有趣的是，促肾上腺皮质素释放素还通过激活大脑中对肾上腺素敏感的细胞附近的某些细胞，直接增加了焦虑。这些皮质类固醇同许多激素一样，对全身有一系列的影响。皮质类固醇减少了用于维持诸如生长和繁殖活动的能量供给。这类物质的释放将葡萄糖输送到肌肉，以利于战斗与逃跑。当一个人直接面对威胁时，就像我骑车时的经历，皮质类固醇会不惜代价地去抑制免疫反应，包括保护性炎症反应。循环的应激激素使个体注意力集中在应对威胁上，而其他的活动和失调则退居其次，因为当务之急是要逃生。最近的研究还表明，其他组织（包括大脑组织）也能产生皮质类固醇。在这些组织中，皮质类固醇具有直接和即时的作用，通常与我们准备好逃跑相关。综上所述，HPA 轴（下丘脑、垂体和肾上腺构成的一整套集合）在察觉到威胁后为儿茶酚胺的快速释放提供支持。我相信是这些生化反应救了我的命。

大脑成像研究表明，大脑中存在特定的恐惧回路。这是一个彼此相连的神经元集合，下丘脑和杏仁核正好位于其中。通过使用功能磁共振成像（fMRI）技术，研究人员能够基本确定大脑中因做出应激反应而活跃起来的区域。被激活的区域氧合血流量增加，由于氧合血与非氧合血具有不同的磁共振，因此，通过功能磁共振成像就可以识别出氧合以及被激活的神经元。对一个正在解决难题或面对各种刺激的人脑进行功能磁共振成像扫描，就可以识别出大脑参与这些过程的区域。

虽然观察大脑受到刺激的区域很有益处，但在功能磁共振成像分析时还须谨慎。首先，海量的数据中可能会出现统计错误。研究人员要寻找大脑中被激活的区域，但由于功能磁共振成像的精细空间分辨率的精细度不够，他们必须将共振模式与大脑的许多其他区域进行比较以排除成簇的假阳性，来最终确定被激活的区域。因此，必须进行统计数据调整才能正确解读功能磁共振成像结果，而许多早期研究并没有做到这一点。一项研究显示，一条死鲑鱼对照片有情绪反应，这就表明数据分析需要改进。其次，功能磁共振成像的局限性在于没有对特定脑细胞提供空间分辨率。功能磁共振成像研究的反对者认为，由于大脑的类似部分也受到大量刺激而被激活，该技术未必是理解大脑功能的简单或直接的关键所在。尽管如此，如果对功能磁共振成像的海量数据分析和解读得当，这项技术会成为我们研究恐惧应激行为的神助之功。

在人体实验中，如果受伤或死亡的威胁是潜在的，而不是随时来临时，人们会产生恐惧，此时大脑中被称为腹内侧前额叶皮质部分的活动会增加。相比之下，如果受伤或死亡的威胁随时可能降临时——就像我在骑自行车遭到袭击时的情形——中脑部分被称为导水管周围灰质（PAG）的部分活动会加速。在非人类实验中，对导水管周围灰质的电刺激会即刻引发防御行为，而杀死或去除细胞则会消除恐惧应激反应。我猜想，在肯尼亚的那条路上，我的导水管周围灰质一定是拼尽了全力。

根据我们目前对恐惧回路的认识，大脑是按照受到威胁的紧迫程度来做出应激反应的。引发焦虑的刺激会激活大脑前额叶皮质中后演化出来的部分，而引发恐惧的刺激和情形会激活中脑中先演化出来的部分。杏仁核与躲避和准备逃跑有关，而下丘脑和导水管周围灰质则与逃跑有关。

恐惧和焦虑是对威胁做出的神经化学反应。糖皮质激素，也就是应激激素，与我研究的黄腹旱獭发出报警叫声有关。如果在雌性体内的这些激素水平较高时接近它们，它们更有可能会发出警报声。但一项实验研究发现，服用了美替拉酮（一种降低皮质醇水平的化学物质）的恒河猴在受到威胁的情况下不太可能发出警报声。这是一个彼此关联的结果。即使猴子发出了警报声，其发出警报的速度也比较慢，这与其较低的风险感知水平一致。因此，神经化学物质可以直接减少恐惧感。这一点已经在我服用安定的经历中得到了印证！

但是，对生物体而言，无论是否通过药物来调节体内的化学物质，代价都是高昂的，这就像“或战或逃”反应的高低起伏一样。时刻保持警惕并为逃跑做好准备要耗费大量体能，因此，能够调高应激生理反应的生物系统具有调低生理反应过程的稳态机制。过度警觉会丧失机会成本；它可能会妨碍个体参与其他重要活动。高水平的糖皮质激素会抑制免疫力，使个体容易受到寄生虫和病原体的侵害。但是，在面对现时威胁时，生存下来才是王道，只有生存下来才能繁殖、生长或抵御感染。

因此，HPA 轴以及皮质醇和其他应激激素共同发挥作用，确保动物的能量分配有助于其长期生存，这是理解 HPA 轴以及皮质醇和其他应激激素的一种更为精准的方式。当眼下几乎不存在威胁时，生长、免疫防御和繁殖就自然会变成优先项。当威胁迫在眉睫时，HPA 轴就会做出应激反应，调整生命史应对策略，确保能存活下来。

除了对生命的威胁外，其他应激事件也可能会激活 HPA 轴。无论是人类还是非人类，社会性应激因素都值得关注。例如，当动物输掉一场争斗或被占统治地位的个体怒目而视时，皮质类固醇会增加。对于某些（但不是所有）物种来说，社会性应激反应往往是由于无法把控社会环境，这从处于从属地位个体的糖皮质激素水平可以得到印证。而缺乏把控能力也会造成严重后果。这些应激源不是到了成年才有的，应该说在子宫里（或者说还是卵子时）就开始显现，出生后不久就已完全具备。

当受到捕食者的威胁时，哺乳期母亲的 HPA 活动会增强。血液中的激素激增可能会对胎儿或哺乳中的后代产生影响，并可能导致长期的适应性反应。如果母体经常面临被捕食的威胁，其后代很可能会出生在一个相对危险的环境中。生命史理论关注动物一生中的能量分配情况。那些夭折可能性更大的动物应该更早生育繁殖。

有证据表明，通过激活 HPA 轴进行调节的产育规划与后代的生命史有关。具体来说，如果母亲经常承受捕食者的压力，其后代会繁殖得更早或会生育更多的后代，因为它们的寿命可能会更短。但生活本身就是因各种稀缺资源所迫而做出的种种取舍。生育更多的后代，可以减少对每一个后代的精力和照护投入。此外，在繁殖之后，精疲力竭的母亲为获取所需的能量而冒险觅食，加大了遭到捕杀的概率。与遵循其他规则的母亲相比，如果遵循这些规则的母亲留下的后代存活数量相对更多，而且这些规则还有一定的遗传基础的话，那么按照自然选择的逻辑，这就意味着它们拥有更强的适应性，这些成功之道则会被传承下来。

仅仅暴露于捕食者或捕食线索之下，就可以增加皮质类固醇的分泌，使个体进入求生模式，将精力从生长和繁殖转向防御。迈克尔·谢里夫（Michael Sheriff）和他的同事查利·克雷布斯（Charlie Krebs）、鲁迪·布恩斯特拉（Rudy Boonstra）对白靴兔进行了一系列设计精妙的实验，研究了野兔对捕食性应激源的反应。白靴兔的数量随着时间的推移而增减，这是受到了其主要捕食者——猞猁数量的影响。猞猁数量增加，野兔的数量就减少，而后来没有足够的野兔可供猞猁捕食，则导致猞猁数量急剧减少。克雷布斯现在已经是一位知名教授了，他过去的大部分时间都在研究这种动态的种群循环。

谢里夫和他的同事通过跟踪猞猁和野兔的种群数量，发现野兔在猞猁种群数量的高峰期具有较高的应激激素水平。哪怕是一只狗走过兔窝，里面有孕在身的兔子与其后代体内的应激激素水平都会升高。还有一个重要发现，就是处于应激状态的雌兔繁衍的后代数量较少。一项后续研究表明，应激激素会持续影响到后代繁殖的成功概率。具体来说，处于应激状态的母亲所生的后代，承受的应激程度会更大。这些结果可以证明，在野生状态下繁衍需要承受很大压力。

许多研究均发现，让怀孕的动物暴露在活生生的捕食者面前或捕食线索（比如它们的气味）中，会造成行为、形态以及最终在后代健康方面的重大变化。当雌性根田鼠在怀孕期间暴露于臭鼬时，所产子代会具有较高的应激激素水平。三刺鱼的后代在有捕食者气味的水中时彼此间的距离更为紧密，这是一种反捕防御措施。比较一下孕期生活在有猫出没的环境中的大鼠和孕期居有定所的大鼠，就会发现前者的后代更容易受到化学品所诱发的癫痫的影响。黄眼企鹅因经常接触人类游客，其应激激素水平会升高。这种生理应激反应干扰了它们的繁殖。幸运的是，经常接触游客的加拉帕戈斯海鬣蜥的应激反应有所减弱。这表明，随着时间的推移，良性威胁可能会消除这种带来严重负面影响的应激反应。

另一种应激性反应是心碎综合征（broken-heart syndrome），又称应激性心肌病（takotsubo cardiomyopathy）。在《共病时代》一书中，纳特森-霍罗威茨和鲍尔斯就有相关描述。人类在应对突发的、危及生命或引起情绪大幅波动的冲击时，会分泌大量儿茶酚胺，因此会突发应激相关的心脏病。有时大量的儿茶酚胺会损害心肌，产生特性瘢痕，进而导致心脏功能障碍。兽医发现，多种野生鸟类和哺乳动物在被捕获后突然死亡，与儿茶酚胺导致的心肌受损和其他与飞行相关的肌肉受损相关。兽医称这种综合征为“捕捉性肌病”（capture myopathy）。但我本人对近亲物种的相关研究却令我心生困惑。我在澳大利亚研究过圈养沙袋鼠和袋鼠。我发现，尤金袋鼠相当健壮，在圈养环境下生活得很好，而它们最近的近亲圆盾大袋鼠则对捕捉和来自外部的应激源特别敏感，容易患上捕捉性肌病。这是什么原因呢？如何解释这些差异呢？

带着这些问题，纳特森-霍罗威茨和我研究了与捕捉相关的猝死易感性的演变。我们把重点放在有蹄类动物（包括鹿、绵羊、山羊和牛）上，因为这些是兽医们研究比较多的物种，有大量的文献资料可查。在查阅捕捉性肌病或捕捉后猝死相关报告的文献时，我们提出一种假设，即这种易感性与生命史特征和降低捕食风险以延长存活寿命的适应能力有关。在一项正式的对比分析中我们发现，发生捕捉相关猝死的物种多半跑得很快，更具社会性，大脑体积更大，寿命也更长。这些结果表明，受惊吓导致的死亡很可能与长寿的特征有关。如果以此推理，包括人类在内的长寿物种也许更有可能会被吓死，这恰恰是由于其具备了一套赖以存活的适应能力。因此，我们不应将捕捉性肌病看作是为求生存而演化出的适应能力，而应看作是一种约束，是对与长寿相关的其他因素进行自然选择的一项副产物。事实上，从这项研究中得到了一个更具广泛意义的启示，并非我们看到的所有特征都具有适应性。

某种程度的恐惧和焦虑是具有先天性的，通常具有很强的适应性。威胁与令人胆寒的恐怖刺激往往会引发一系列似乎精心设计的神经化学反应。这些或战或逃反应具有适应性，因为它们增加了生存的机会。但即使是适应特性也可能会出错，尤其是当我们面临生态或演化方面出现的新情况时。

我们从同一物种成员之间的相互攻击行为可以看到这一点，这是一种先天特征，显然我们的恐惧系统也属于此列。在许多情况下，选择战斗的个体会获得所需的资源，如食物、住所或交配机会，而失败者则得不到。事实上，或战或逃反应不仅仅是防御性的，也是进攻性的。当斗士们为自己打气鼓劲准备一战，或是运动员为比赛进行准备时，他们是在激活自己的交感神经系统。身体在为行动做好准备。准备得最为充分的人可能会在竞争中占据优势。但有时相同的适应性反应也可能会大错特错。

前不久，我在科罗拉多一处亚高山草甸附近对旱獭做追踪研究时，偶然卷入了一场潜在的威胁之中。我们捉住旱獭，在它们身上做好标记后再放掉它们，然后从远处观察它们的行为。我们每天布设很多捕捉器，然后定时检查，因为我们不想给动物造成伤害。我们在外设捕时，看到三名身穿防弹衣、手持自动步枪的警察正在设伏围捕一个持有未注册枪支且有既往违反枪支管理规定案底的人。他们正在检查步枪，准备在一条私家小土路上设置路障。我骑车出现在那条路上，着实吓了他们一跳。领头的警官怒眼圆睁，紧张兮兮地质问我为什么会在那里，还命令我离开。可是两个小时前我就布好了捕捉器，而天很快就要热起来了。旱獭耐寒不耐热，如果被困在捕捉器里直接在大太阳底下暴晒，30 分钟就足以致命。我很礼貌地请求警察能给我放行。第一个警官手里端着步枪，紧张得大喊大叫，告诉我情况危险，命令我立刻离开。惊慌再加上手握长枪，这对警察来说简直就是一杯毒鸡尾酒，很容易引发事端。假如他是一名没有受过专门训练的乡村警察，遇到这种突发情况，肯定会特别焦躁。几个小时后，我获准绕道去查看捕捉器。我发现了一只旱獭，天已经很热了，还好它没有受到伤害。它静静地待在陷阱里，我赶紧把它放了出来。一场悲剧得以避免，我也长出了一口气。后来我从新闻里看到，警方成功地抓获了他们的目标。然而，神经化学物质很可能仍在警官体内中大量分泌着。

在这类场景下，当我们遇到突如其来的各种威胁时，仍然会受到大脑中最原始本能的驱使。我们演化为用手搏斗，而不是借助现代化的攻击性武器或半自动多发手枪。这种演化上的不协调已经演变成安全问题、公共健康问题、种族矛盾，甚至成为一个个体问题。

训练和对这种演化反应的意识可以帮助我们改变行为。受到威胁时，我们的交感神经系统立即被激活，许许多多的神经化学物质让我们做好了防御准备。先不要顺应这种驱使，而是必须先试着让自己平静下来，让副交感神经系统的稳态进程发挥作用。我们都需要放慢脚步，思考一下，然后再对恐惧或刺激性事件做出反应。这很难做到，因为HPA轴的生化反应会驱使行动，而不是驱使思考。但是有效的训练可以让我们学会控制这种即时生理反应。面临威胁时停下片刻思考一下，才能做出更明智的决定。

所有生物（也包括我们人类）在生命的每一个阶段、在每一种情况下，都必须就如何在防御和成长、繁衍之间分配能量这个问题做出短期和长期的决定。有些决定是有意识做出的，有些则不是。顺应自然选择的话，往往会做出有利于生存和繁衍后代的决定。神经化学反应不断演化，对恐惧的适应性越来越高，提升了存活概率。然而现如今，在采取行动前深吸一口气，停顿片刻，有些时候对生存至关重要。

第 2 章

小心赫然出现的物体

一个星期天的下午，幽雨如丝，我在加州大学戴维斯分校（UC Davis campus）救了一只小乌鸦。那天我整个下午都在图书馆看书，临走时，忽然听到了一阵刺耳的乌鸦聒噪声。它们正在围攻一只猫，而这只猫正紧盯着一只羽翼未丰、绝望无助的雏鸟。这是一只离巢过早、还不会飞的小乌鸦。看到周围没有人能帮忙，我顾不上那些焦灼不安的乌鸦，冲上去赶走了野猫，然后用我的外套把瑟瑟发抖的小乌鸦包了起来。那群愤怒的乌鸦大声地聒噪着，跟着我来到办公室。我一直等到太阳落山后，才觉得可以安全地离开大楼了［我看过阿尔弗雷德·希区柯克（Alfred Hitchcock）的《群鸟》（*The Birds*）］。我打算第二天一大早爬到鸟巢去，把这只乌鸦放回我发现它的地方。

第二天早上，我的导师朱迪（Judy）教授和我一个办公室的同事佩里（Perri）看见了这只红嘴雏鸟，我们都觉得最好在办公室养一段时间。就这样，我们开始了一段喂养雏鸟的“消除业障”* 过程：我们购

* 业障为佛教用语，指妨碍修行正果的罪业，比喻人的罪孽，因而需要破除罪障，消除业障，修行正果。此处由于小乌鸦带来的种种麻烦，作者戏谑地称之为在帮助作者消除业障。——译者注

买了成箱的活蟋蟀，蘸上维生素粉，然后塞进饥肠辘辘的雏鸟喉咙里。几周后我们才意识到，克罗（Crow，这只乌鸦的名字）喜欢意式饺子。从那天起，这只鸟吃得比我们实验室的研究生还要好。它喜欢吃很多种食物，从意大利菜到狗粮，再到带辣番茄酱的墨西哥卷饼。但酱汁辣得它口水横流，连头上的羽毛都会竖起来。它会摇摆着喙清理唾液，这些唾液通常最终会全甩到卷饼和我的脸上。

我们在实验室的时候，会把克罗从笼子里放出来，这样它就可以好好练练翅膀了。不过，克罗要求我们不断地关注它。一天，朱迪正在写东西，它站在朱迪的椅子上，抬头看着她，伸长脖子，啄了一下她立式电脑上的红色电源按钮。砰！这下可有了回应！朱迪训斥了它。现在她只好重新启动电脑。克罗知道了这是吸引注意力的好方法。它开始站在朱迪的椅子上，盯着那个红色按钮，这样朱迪就会和它一起玩了。（这只起了一小会儿的作用，朱迪最终用硬纸板和胶带遮挡住了那个按钮。）后来，克罗还曾把它的一些狗粮藏到一个磁盘驱动器里。

除了了解了克罗的智力和社交兴趣，我们也知道了克罗的种种恐惧。每天下午，清洁工都会拿着扫帚来我们实验室清扫。克罗很害怕。它会飞到灯上，发出非常害怕的叫声。佩里认为这可能是克罗对扫帚柄的反应。为了验证这一假设，她从家里带来了种植番茄所用的架桩。猜中了！克罗躲避着办公室里的架桩，甚至还躲避上面放着番茄架桩的电脑。但是为什么乌鸦会害怕一根长棍子呢？难道是因为它看起来像一条蛇？

传统动物行为学研究表明，许多物种对某些形状的物体或具有某种行为方式的物体有根深蒂固的恐惧。通过识别这些形状和行为，我们就能理解引起恐惧的东西。

在本章中，我们将探讨哪些物体和视觉刺激通常会诱发恐惧、诱发恐惧的原因，以及恐惧所带来的影响。我们将了解为什么动物和人类会害怕某些视觉对象。我们还将了解动物是如何评估正在靠近的物体所带来的风险，以及这些知识如何帮助我们减少车辆（包括飞机）撞击物体的发生率。

动物行为学研究起源于欧洲，是针对动物行为的自然主义研究。对动物行为感兴趣的动物行为学家在研究不同物种时，会在户外花费大量时间，靴子上沾满了泥泞。相比之下，发轫于北美的比较心理学则研究圈养的大鼠、鸽子和一些灵长类动物的心理。动物行为学家并不反对对圈养动物开展研究，但当他们为研究而圈养动物时，一般会关注非传统类的动物。例如，诺贝尔奖获得者康拉德·洛伦茨（Konrad Lorenz）曾亲自饲养鹅，以了解鹅是通过什么样的方式弄清楚自己的母亲是谁（被称为“认母印记”），以及谁可以成为合适的伴侣（被称为“性印记”）。一些科学家既研究自然环境中的动物，也研究圈养环境中的动物。埃伯哈德·库里奥（Eberhard Curio）就是这样的一位科学家。他是德国著名的动物行为学家，虽然已是耄耋之年，但依然活力四射。他年轻时所做的开创性研究确定了动物辨别捕食者的视觉线索。斑姬鹟是一种小型的欧洲鸟类，库里奥对自然环境与圈养环境下的斑姬鹟进行了重点研究。他采用捕食者剥制标本和捕食者模型来吓唬它们，让其感到恐惧，并以此来研究斑姬鹟的群趋反应。

群趋是什么？你见过一只小鸟大声地追着乌鸦或渡鸦，把它们赶出自己窝巢的情景吗？或者乌鸦们追逐一位打算拯救一只雏鸟的人？或者，像我和我妻子贾尼丝（Janice）看到过的一幕？那天我们在华盛顿州（State of Washington）奥林匹克半岛（Olympic Peninsula）的一片太平洋乌鸦栖息地露营，看到一群乌鸦正叽叽喳喳地啄一只试图从乌鸦巢中偷鸟蛋和雏鸟的浣熊。群趋行为就是发出响亮的叫声引起注意，以此来召唤同类，阻吓跃跃欲试的捕食者。群趋是一种协作行为，易于分辨。

由于群趋很容易辨别，叫声也很容易统计，库里奥使用叫声频率作为一种测定恐惧的可靠方法。同一种捕食者在筑巢期的不同阶段会引发不同的群趋反应，库里奥是最早注意到这种现象的科学家之一，我们将在第 6 章从经济学角度更深入地讨论这一现象。鹟鸟是这些实验最合适的研究对象，因为它们很乐于在巢箱中筑巢。这些木头巢箱被固定在库里奥研究地点附近那片欧洲森林的树上，每个巢箱上都有一个小孔。库里奥并没有花费数周的时间去寻找巢穴，而是布置好巢箱，等着潜在的受试者找上门来！红背伯劳是筑巢期鹟鸟的克星，库里奥把红背伯劳鸟填充标本或模型放到鹟鸟巢箱外面，开始了自己的观察研究。他发现，伯劳模型在引发群趋行为上相当有效。然而，当他把模型倒置时，却很少会引发鹟鸟的群趋行为。库里奥非常好奇，究竟是什么伯劳会让鹟鸟感到恐惧。于是他又进行了一些实验。

红背伯劳有一条显眼的黑色眼纹，看起来很像电影《独行侠》（*Lone Ranger*）中独行侠的面具。库里奥发现，完整的模型引发了大量的群趋，但去除眼纹的模型却很少引发群趋。如果他把模型制作成全白或全黑，或者去掉眼纹，就基本没什么群趋。可见，引起鹟鸟群趋的不是反差本身或黑色的眼纹。库里奥于是更进了一步。他缩小了伯劳鸟的体型尺寸，但保留了它的色彩图案。正如所料，这引起的群趋稍微少一些（体型较小的捕食者所形成的威胁应该比体型较大的捕食者要更小一些）。如果他在和伯劳鸟差不多长度的树枝相应的位置上画上黑色条纹，也没有反应。如果将条纹的方向从水平改为垂直，群趋反应减少了。当库里奥一步一步地遮掉条纹时，反应彻底消除了。他已经快找到了答案。

库里奥随后研究了鹟鸟对另一种捕食者鸺鹠 * 模型的群趋反应。通

* 鸺鹠别名小猫头鹰，猫头鹰是鸮形目鸟类的统称，故而作者之后称鸺鹠为猫头鹰。——译者注

过这些实验，他发现只有一只直立的猫头鹰填充标本引起了群趋反应，而木制模型或粘有羽毛的木制模型则没有。他试着调整猫头鹰标本上眼睛的数量，发现两只眼睛即使颜色稍有不同，也会引起群趋，而只有一只眼睛或没有眼睛的猫头鹰标本则不会。看来眼睛是关键！鹟鸟会注意捕食者的眼睛，正是眼睛的存在引发了群趋。事实证明，捕食者眼睛周围的黑色眼纹，使得对方很难看清它在看什么，从而使鹟鸟无法确定自身的安全。这种不安情绪引发了群趋，其作用是将捕食者赶出这片地区。

随后，库里奥进行了更多的实验，在红背伯劳模型上安置了与眼纹形成对比的眼睛。又猜中了：长了眼睛的模型吓到了鹟鸟，它们一看到长眼睛的模型，就对模型发起群趋。眼睛非常重要！进一步的实验表明，眼睛必须位于恰当的位置，就和前面提到的眼纹一样。库里奥可以任意调整模型，这是他实验中的一个优势，他后来又把猫头鹰改成红背伯劳的样子。最具效果的猫头鹰模型还装上了真羽毛呢。有趣的是，合适的羽毛颜色对猫头鹰模型而言要比红背伯劳模型更重要。喙又怎么样呢？在红背伯劳模型上加一个像匹诺曹鼻子一样长长的喙，鹟鸟仍然会围攻它。把这样的喙加在猫头鹰身上所引起的反应则较少。在最能引起反应的模型的头后面放置一个红色的球，并不会影响群趋反应。库里奥继续进行了更多的实验来评估为什么捕食者的眼睛会引起如此多的恐惧。

很多其他物种也不喜欢有眼睛盯着它们看。如果你有幸在野外与大猩猩共度时光（现在仍是我的一大愿望），你会被告知不要直直地盯着它们，以免惹恼它们。如果你在狩猎途中目不转睛地盯着一只突袭你营地的雄性狒狒，你会看到一张犬齿裸露、面目狰狞的怪脸。不要被这种“微笑”所欺骗——这是一种威胁——狒狒有着巨大的犬齿和无穷的力量，绝非你能抗衡。当狒狒对你“微笑”时，就听从你 HPA

轴的指挥，悄悄地走开吧！

罗格斯大学（Rutgers University）生物学家乔安娜·伯格（Joanna Burger）和她的同事追随库里奥的脚步，对晒太阳的黑刺尾鬣蜥进行了实验。果然不出所料，实验人员戴着露眼睛的半罩面具走近鬣蜥，鬣蜥就会逃走，而如果实验人员戴着大眼睛面具时，鬣蜥会跑得更远。显然，引起恐惧反应的不仅仅是有眼纹或大眼睛，还必须是看起来吓人才行。

事实证明，蛇对许多物种来说都很可怕。克罗也很怕蛇。但是这种恐惧是不是与生俱来的，动物在第一次看到蛇时就会表现出恐惧吗？虽然从克罗的行为来看我对此有一些怀疑，但圈养研究对于找到这类问题的答案是至关重要的。

在实验室里饲养的日本猕猴与蛇完全隔离，它们对蛇的图片的反应比对鲜花图片的反应要更快。最近对日本猕猴进行的研究发现，只有在蛇的图片刺激下，某些神经元才会被激发。这种神经反应表示猕猴可以认出蛇。但恒河猴也通过经验来训练其对捕食者的识别能力。传统的研究表明，通过观看其他猴子对活蛇做出恐惧反应的视频，对蛇一无所知的圈养猴子学会了对蛇的恐惧反应。它们还可以通过观看录像中猴子的行为反应，学会对玩具蛇的恐惧反应。但它们并没有对塑料花产生恐惧，尽管从剪辑后的录像来看，猴子惧怕塑料花。

那么，蛇是怎么回事？至少从《创世记》（*Book of Genesis*）开始，人类就畏惧蛇、诋毁蛇。卡尔·萨根（Carl Sagen）推测，由于哺乳动物与捕食哺乳动物的爬行动物一道演化而来，所以我们对它们有着根深蒂固的恐惧。事实上，研究表明，许多人把蛇列为他们最害怕的东西之一。人类对蛇（和狮子）的图像要比对蜥蜴或非洲羚羊的图像所做出的反应更快，眼睛定向也更快。相较于辨别不具威胁的鸟类、猫或鱼，人类更擅长辨别伪装后和降质后的蛇的图像。

看到蜘蛛也会让许多人产生恐惧感。我的同事迪安·莫布斯（Dean Mobbs）使用功能核磁共振成像仪做了一项监测大脑活动的实验。受试者将他们的一只脚放在一个仪器中，周围远近不等的地方放了几个盒子。通过视频馈入，受试者看到一只活狼蛛被放进他们脚边的盒子里。当狼蛛靠近受试者的脚时，莫布斯和他的同事发现受试者中脑导水管周围灰质（PAG）和杏仁核的神经活动有所增加，正如我们在第一章中所了解到的，这是大脑中被恐惧反应激活的部分。当狼蛛远离受试者的脚时，大脑的另外一些部分（眶额皮层）被激活，这表明还有一组独特的神经回路负责发出安全信号。也许这类似于在肾上腺素分泌飙升后神经化学物质所起到的平衡作用，可帮助身体恢复到平静状态。

仅仅看到某样东西何以产生恐惧？我们有识别蜘蛛的天赋吗？我们生来就有蜘蛛恐惧症吗？在一项针对5个月大婴儿的实验中，戴维·拉基森（David Rakison）和雅伊梅·德林格（Jaime Derringer）将图片展示给婴儿，同时统计了婴儿观看每张图片的时长（你可能会质疑谁会让自己的孩子参与这类研究）。这些图片包括一幅黑白示意图，上面画着一只细长腿的蜘蛛。他们还向婴儿展示了一幅画，画中蜘蛛的身体相同，但腿被重新定位，因此看起来不像是一只活蜘蛛。相反，这幅画所画的看起来更像是一只被压扁的蜘蛛。第三幅画则保留了相同的身体部位和腿，但完全打乱了这些部位的位置，这幅画看起来完全不像蜘蛛。研究人员认为，通过观察这些之前可能没有接触过蜘蛛的婴儿对这些视觉刺激的反应，我们就可以了解人类是否具有识别蜘蛛的先天能力。实验表明，婴儿看示意图（即看起来更像蜘蛛的那幅图）的次数，要比看其他图像的次数更多。

为了弄清这是否因为婴儿形成了“蜘蛛”的概念，研究人员采用了一项习惯化—恢复方案，这是一种针对尚未掌握语言技能的儿童进行分类研究的常用技术。他们向实验对象展示蜘蛛的真实照片，直到他们看到照片时不再有反应为止。此时，可以说婴儿已经习惯了蜘蛛的照片。之后，研究人员再次给婴儿看之前看过的三幅图片。如果婴儿对其中的一幅或多幅有不同的反应，则可以推断他们已不再习惯了。也就是说，他们本来已经习惯了蜘蛛的真实照片，反应变弱了，现在因看到了不同的东西，反应又完全恢复了。研究人员推断，婴儿对新图像的感知不同于他们对已经习惯了的图像的感知。婴儿对不是蜘蛛的图像应该会反应更强烈些！这一结果表明，婴儿学会了忽视真正的蜘蛛，然后，对蜘蛛示意图没有做出反应就意味着已经将示意图中的蜘蛛归类为蜘蛛了。换句话说，蜘蛛示意图与蜘蛛照片没有区别，也不值得再看一遍。相比之下，其他的图片与不再引起婴儿兴趣的蜘蛛照片完全不同，所以才吸引了婴儿的注意力。这就意味着婴儿已经将它们归为不同类别。

为了弄清楚这种反应是否是对蜘蛛的特有反应，他们还用三幅花的图片进行了相同的实验：首先是一幅精细的示意图，然后是一幅对花的一些特征稍作改变后的图片，最后是一幅完全被打乱了、已经完全不像一朵花的图片。他们发现，与之前的蜘蛛实验不同，婴儿对所有这些图片的反应都是一样的。对这些结果进行综合分析便可看出，人类婴儿有一种与生俱来的识别蜘蛛的能力。研究人员假设人类有一个内在模板，使我们能够识别出蜘蛛。

行为生物学家用“模板”这个词来表示动物有某种参考标准，用来帮助自己识别某些事物或对某些事物进行分类。一旦那些敏感刺激物出现，感觉神经元就会兴奋起来。因此，就有了压力敏感、色彩敏感、气味敏感、动作敏感、运动敏感、味道敏感，甚至定向敏感的各类神经元。可以想象，通过演化，这些感觉神经元阵列已经可以识别相当复杂的视觉（或触觉、嗅觉和听觉）刺激。事实上，当发现面孔是直立而不是倒立时，就会有神经元兴奋起来——回想一下鹟鸟对倒立的红背伯劳模型的反应就会明白这一点。

但是这些模板不需要在感觉神经元层面上发挥作用，它们可以更具认知性，并建立在经验基础之上。我们可以学会害怕某个东西，因为我们把它的出现与一次不悦的经历联系在一起，用心理学家的行话来说，就是把这种特定的记忆概括为更广泛的一类刺激。例如，士兵在接触暴力行为的时候，可能会与暴力行为相关的刺激形成关联。如果将一个简易爆炸装置藏在垃圾桶里，垃圾桶可能会成为引发恐惧的一种刺激。我们将在以后的章节中更多地讨论创伤后应激障碍，但现在，让我们回到澳大利亚，看看有袋类动物如何用模板来识别捕食者。

尤金袋鼠的体型和猫差不多大小，是一种夜行性动物。在自然环境中，它们白天蜷伏在茂密的植被中，夜晚跳到草地上觅食。它们的脚和澳大利亚本土食草动物一样，都有肉掌，它们在黑暗中沿着小路静静地跳跃前行。觅食时，它们常常成群结队地聚集在一起。

尤金袋鼠非常适合我们对恐惧的研究，因为我们最初研究的尤金袋鼠是在坎加鲁岛（Kangaroo Island）上演化而来的，在那里它们从未接触过狐狸或野狗。事实上，坎加鲁岛在数千年前就与大陆隔绝了，因此它们在大约 9 000 年的时间里没有接触过任何陆生哺乳动物捕食者。相反，它们的主要捕食者是体格健壮、体形硕大的楔尾雕。这些袋鼠被从坎加鲁岛带到悉尼麦考瑞大学动物公园（Macquarie University Fauna Park）的户外围栏里进行人工饲养。

我与安德烈娅·格里芬（Andrea Griffin）和我的博士后导师克里斯·埃文斯（Chris Evans）合作研究尤金袋鼠的捕食者辨识能力时，格里芬还是一名研究生。我重点关注了几个问题，其中包括尤金袋鼠是否有一种与生俱来的辨识捕食者的能力，以及动物在与捕食者隔离后多长时间之内仍能保持对捕食者的恐惧反应。格里芬想看看能不能训练尤金袋鼠对赤狐做出惧怕的反应。格里芬和我都有一个共同的兴趣，那就是想知道即使之前并没有与这些捕食者遭遇的经历，特别是如果它们没有机会演化出特定的反应的情况下，尤金袋鼠是否会害怕赤狐。赤狐是由欧洲人引入澳大利亚大陆的，自从欧洲殖民以来，已有20多种哺乳动物灭绝，赤狐发挥了超乎寻常的作用。

格里芬和我建起了一整套大型围栏，我们可以把一只尤金袋鼠放入其中，研究它对捕食者的辨识能力。为了创设一套能诱发恐惧的刺激物，我采购了狐狸、猫和沙袋鼠的剥制标本。因为找不到已灭绝的袋狼（一种有袋的狼）皮，所以我画了一个泡沫模型来模仿袋狼。然后我们把标本架放在一辆手推车上，随后推到围栏边，把这些刺激物展示给尤金袋鼠看。

我们在围栏中央放了一小堆燕麦，引诱一只尤金袋鼠去觅食。当这只袋鼠在进食时，我们录下了它对手推车、沙袋鼠、猫、狐狸和袋狼突然出现时所做出的反应。尽管没有和赤狐一道演化过，也不曾遭遇过赤狐，但尤金袋鼠对狐狸的反应是恐惧的。一看到狐狸，它们就惊恐地踮起后腿，跳到笼子的最远处，离得远远的，紧盯着狐狸标本。有趣的是，尤金袋鼠对猫的反应也很恐惧，但对沙袋鼠却没有。它们对袋狼模型也没有，尽管从体型上看，袋狼是最大的刺激。因此，我们发现，体型大小本身并不是引发恐惧的主要决定性因素。

怎么解释尤金袋鼠对狐狸的恐惧呢？我计划通过研究尤金袋鼠不同的种群来找出答案。19世纪的新西兰是一个岛国，几乎没有本土哺乳动物。由于种类过少，于是新西兰总督从其他地方引入了尤金袋鼠等一些哺乳动物。这一行为可以视作是一场环境悲剧，但尤金袋鼠并没有像许多其他引入新西兰的哺乳动物（和鸟类）那样在岛上泛滥成灾。而且，回过头来看，这次引进拯救了尤金袋鼠种群，使其免遭灭绝。为什么？因为就在乔治·格雷（George Gray）总督将南澳大利亚大陆的尤金袋鼠种群转移到新西兰的同时，南澳大利亚的尤金袋鼠种群正因猫和狐狸的捕食而濒临灭绝。因此，与坎加鲁岛的种群不同，南澳大利亚大陆的袋鼠种群在130年前迁徙到新西兰之前，就曾接触过哺乳类和鸟类捕食者。那么，接触捕食者的演化史是如何影响它们对捕食者的反应能力的呢？

我在新西兰这个有众多捕食者的南澳大利亚大陆尤金袋鼠种群的后代身上重复了捕食者识别实验。不过，回想一下，在脱离捕食性环境后，这些个体随后在新西兰这个龙荒蛮甸没有捕食者的安全环境中度过了130年。值得注意的是，新西兰尤金袋鼠似乎已经丧失了辨识捕食者的能力，或者至少丧失了对任何模型做出恐惧反应的能力。为什么它们不再对这些模型做出反应了呢？有什么不同呢？我猜想可能是由于捕食者辨识模板长期不用而失效了。这正是格里芬的尤金袋鼠训练研究要发挥作用的地方。

格里芬的目标是从坎加鲁岛尤金袋鼠对狐狸的反捕反应开始，通过训练尤金袋鼠将看到狐狸与更令人不快的事情联系起来进而强化这种反应。格里芬头戴女巫帽和面具，手拿捕网追赶尤金袋鼠。在4次配对展示中，尤金袋鼠均有效地提升了自身恐惧反应的程度。它们每次看到狐狸就仓皇逃走，因为看到狐狸就预示着不远处就有一个身穿戏服、挥舞着捕网的格里芬。因此，格里芬的研究表明，尤金袋鼠看似对狐狸有着与生俱来的恐惧反应，但也可以学会更加害怕狐狸和格里芬。

接下来，格里芬使用了一只和狐狸大小相同的山羊剥制标本。与她用狐狸标本的经历不同的是，尽管她头戴帽子和面罩手拿捕网追赶尤金袋鼠，但她却无法成功地训练尤金袋鼠对山羊做出恐惧反应。对照上面的实验，这一结果有力地表明，尤金袋鼠对狐狸有一个非常特定的捕食者识别模板。

这一点非常重要，因为如上所述，坎加鲁岛上的尤金袋鼠（在我们的实验之前）没有与狐狸遭遇的经历。事实上，在过去的9 000年里，坎加鲁岛的种群几乎不大可能接触到陆生捕食者。然而，它们很可能是从接触过哺乳类捕食者的某个大陆种群演化而来的，而且它们还必须要应对食肉鹰。是什么让这个哺乳类捕食者识别模板得以持续存在？正如我们在新西兰的研究结果所显示的那样，如果没有任何捕食者，这种模板会在短短130年内消失吗？但这也是一个非常有用的模板，它使继续与鹰生活在一起的尤金袋鼠能够对狐狸——这种全新的哺乳类捕食者做出反应。

通过研究澳大利亚诸多岛屿上的尤金袋鼠、大袋鼠和沙袋鼠的反捕行为，我发现在能接触到捕食者的地方，动物都保持了一定程度的反捕行为，而那些丧失了所有捕食者的种群也丧失了辨识捕食者或对捕食者做出反应的能力。我们关注的尤金袋鼠的一个反捕行为是，它们能否通过与其他尤金袋鼠结成更大的群体来感知安全。这些群体规模效应在西澳大利亚大陆的一个种群（生活在各种陆生和空中捕食者中间的一个种群）中，以及坎加鲁岛（尤金袋鼠必须躲避老鹰）和加登岛（Garden Island）（尤金袋鼠必须躲避蛇）上都有发现。而在新西兰（那里的尤金袋鼠已有130年没有捕食者了），它们没有那么高的警惕性，似乎也没有从与别的尤金袋鼠结群中获益。这是有道理的：如果周围有捕食者，保持警惕和通过数量来感知安全很有用。但出乎意料的是，任何捕食者的存在都有助于保持对其他捕食者做出反应的能力。回想一下，坎加鲁岛的尤金袋鼠暴露于鹰后，也能够对狐狸做出反应。

动物会有多种捕食者，它们必须躲避来自天空、周边和下方的捕食。它们必须对陆生杀手、空中猎手，有时还有水生捕食者做出反应。有些还必须防止被食肉的熊或獾赶出安全的洞穴。

对于有不止一种捕食者的物种，也就是对大多数物种而言，一个捕食者的存在就可以维持反捕行为，即使是其他捕食者都已经不存在了。我称之为多重捕食者假说。猎物如何发现某些或是所有的捕食者都已经不存在了？猎物可能迁徙到了没有捕食者的地方，或其部分的或是全部的本地捕食者可能都已灭绝。多捕食者假说的原理是怎样的呢？如果一个动物必须躲避不同种类捕食者的猎捕，那么最好是演化出对两种潜在捕食者都能做出反应的能力。例如，郊狼匍匐在地面上悄悄接近猎物，而鹰像闪电一样从空中袭击猎物。如果某种动物对郊狼的威胁能够做出良好的反应，但对鹰的反应却很糟糕，那它就留不下后代。因此，伴随多种捕食者生活的动物只要有应对一切的整套反应能力就够了。

想想一只斑点幼鹿，一只出生不久的小鹿静静地躺在那里等着妈妈回来喂它。斑点上的隐蔽色让小鹿具备了融入背景的能力，再加上小鹿静止不动，于是就有了一套强大的反捕特征。单独演化这些是没有意义的，一个静止不动但不具备隐蔽特征的动物会遭到捕杀，一个具备隐蔽特征但却四处游荡的动物也会遭到捕杀。

自从我提出多重捕食者假说以来，已经过去 10 多年了，大多数的研究都找到了一些支持它的证据，但并非所有的研究都是如此。无可否认，这套理论是受到了我对尤金袋鼠研究的启发，它解释了对狐狸一无所知的（坎加鲁岛）尤金袋鼠是如何辨识狐狸的，以及为什么新西兰的尤金袋鼠却不能辨识狐狸。

这套理论也可以解释人类的很多行为。为什么我们对狮子、老虎和熊的恐惧如此难以消除？一些分析认为，人类以前从未像现在这样远离暴力死亡。我们不仅杀死了许多可能会偶尔夺人性命的大型食肉动物，还降低了战争和武装冲突的死亡率。然而，人类经历了漫长的演变，在血脉中留下了要即刻或战或逃的基因，而且人与人之间的冲突尚未完全消除。多重捕食者假说预测反捕行为还会长久地延续下去——此处的反捕行为是指人类对不会再遭遇到的物种的恐惧。我认为，人类之所以保留对狮子、老虎和熊的恐惧，是因为我们的 HPA 轴已经做好准备来应对我们仍然可能会遭遇到的其他威胁。

我们还从动物研究中了解到，赫然而近的物体令人恐惧。想象一下一只老鹰俯冲下来，扑向一只尤金袋鼠或一只兔子。聪明的猎物应该留有足够的时间逃跑，以避免遭受致命伤害。因此，动物预估接触（或撞击）物体的时间非常重要。一些研究人员试图利用这一基础性反应找出防止动物撞上机动车辆和飞机的方法，因为机动车辆和飞机的速度可能比动物以前遇到过的任何物体的速度都要快。我将利用逃避反应来研究袋鼠、鸟类和寄居蟹的这些反应。

我们对寄居蟹的研究始于维尔京群岛（Virgin Islands）。要为这项研究做好准备，有一点很重要，那就是我每隔一年就会在加州大学洛杉矶分校（UCLA）教授一门本科野外生物学强化课程。我们带着学生在世界各地进行有关各种新奇行为的研究。我们先把学生随机分成三人小组。每个小组必须提出一个新奇的问题，我会帮助他们把这个问题打造成一个假说，我们或许可以在为期三周的实地考察中进行验证。无休止的开发和人类对自然的破坏造成了动植物灭绝，许多学生对此感到忧虑，所以他们的项目往往侧重于野生动物保护相关的问题。过度捕猎与种群灭绝有关，因此，许多项目聚焦动物是如何评估风险或如何就风险进行沟通的。通过研究这些主题，学生们在动物如何避免遭捕杀以及逃生策略等方面发表了许多基础性研究成果。在接下来的章节中，我将重点介绍其中最相关的几项成果。

我的学生——阿尔文（Alvin）、波莱纳（Paulina）和索尼娅（Sonja）感兴趣的问题是，人类发出的声音是否会分散动物的注意力，以及如何分散动物的注意力。对于学生来说，这是一个值得探索的好问题，因为这个问题要求对注意力有所理解。正如心理学家所说，注意力是有限的。我们可以把注意力集中在特定的任务上，但这样我们就无法专注于其他任务。注意力也是脆弱的，因为注意力很容易分散。这种分心会带来很大影响——我们不可能一边发着信息一边开车——但对非人类来说也同样可能会付出沉重的代价。如果动物的注意力用错了地方，它们就可能会成为捕食者的猎物。因此，学生们提出了以下问题：船只的马达声是否会分散陆生寄居蟹的注意力，使它们无法注意到正在逼近的威胁？

在维尔京群岛，陆生寄居蟹像遭遇海难的水手一样生活着。它们整天吃着掉落的果子，游荡在海滩、森林和陡峭的山坡上。我们计划用声音打破它们寂静的生活，看看会发生什么。我们徒步行走在小径和海滩上，遇到寄居蟹后，我们要么用便携式扬声器播放摩托艇马达高速旋转的声音，要么默不作声地观察。然后我们朝着螃蟹走过去，直到它瑟瑟地缩进壳里（这种做法让我很难过，因为如果一只螃蟹当时是在一个陡峭的斜坡上，它就会滚下斜坡，之后还得再爬上来）。我们发现，当我们播放马达声作为背景音时，就可以靠螃蟹更近一些。其他实验表明，螃蟹的反应并不是因为我们走向它们时地面产生的振动。如果把一件撑起来的衬衫静悄悄地放在它们头顶上方时，螃蟹的注意力仍然会被船只的噪声吸引着。然后，我们进行了一个“迪斯科派对船（disco-party boat）”实验，我们将频闪灯与船只的马达噪声组合在一起。这一实验证实，刺激越多，注意力就越分散。我们真正研究的是寄居蟹的注意力转移过程。

研究寄居蟹的学生中有一位阿尔文·陈（Alvin Chan），他当时正在我的同事阿龙·布莱斯德尔（Aaron Blaisdell）的心理实验室研究鸽子和大鼠的认知能力。阿尔文认为，野外实验可能很难精准控制好实验场景，他建议我们在实验室进行实验。由此我们开始了一场卓有成效的跨学科合作。这就意味着要建立一个小型寄居蟹种群，然后设计出由计算机生成的、赫然而现的图像来使寄居蟹感到恐惧。我们最初设计的动画是一个圆点慢慢放大成一个大的黑色圆圈，但发现一个不断膨胀的椰子蟹动画把寄居蟹吓得缩进了壳里（椰子蟹是巨型寄居蟹捕食者，两者共存）。然后，我们重复之前的现场实验，发现结果完全一致。这证明螃蟹确实会被噪声分散注意力，而且噪声越大，注意力就越难集中。寄居蟹注意力分散了，这和我们的预期一致。很多人都会有此感慨：想要阅读一段复杂的文字，在嘈杂的公交车站远比在安静的家中要难。

从上面这些研究中我想到了一点，就是对恐惧刺激的反应，会受到注意力集中方式的影响。如果我们一直想着那些恐怖的东西，那些东西就真的会出现，我们也会受到惊吓。随手拿起一份报纸，上面都会有一些耸人听闻的报道——抢劫、强奸和非法闯入之类的事件。那么，我们为什么要离开家的庇护呢？毕竟这些事件发生的概率还是比较低的。如果我们把注意力转移到别处，我们就不会那么害怕了。下次你发现自己对什么东西感到害怕时，可以试着听听音乐来分散一下注意力。

需要注意的是，寄居蟹会躲避不断变大的椰子蟹图像，因为不断变大的图像预示了相遇的时间，这点也很重要。人类也会预测相遇的时间。我们穿过街道时会用双眼视觉来预测小汽车和大卡车驶过来的速度。鹿、鹅和松鼠等许多动物也需要预测道路上渐行渐近的车辆速度，而鸟类在地面和空中都有交通杀手。

由汤姆·汉克斯（Tom Hanks）主演的电影《萨利机长》（*Sully: Miracle on the Hudson*）讲述了全美航空公司（US Airways）1549 号航班撞上一群加拿大黑雁的真实故事。大雁的撞击导致发动机完全失灵，飞行员切斯利·萨伦伯格（Chesley Sullenberger）和杰弗里·斯基尔斯（Jeffrey Skiles）沉着应对，最终安全着陆。虽然撞到整个鸟群非常少见，但撞到一只鸟还是很平常的事。据美国联邦航空管理局（US Federal Aviation Administration）估计，1990—2013年，美国大约发生了14.2万起鸟类与飞机相撞事件。这些事故导致25人死亡，279人受伤，给美国民用航空业造成6.39亿美元的损失。我的好朋友与同事埃斯特班·费尔南德斯-尤里契奇（Esteban Fernández-Juricic）专注于从动物的角度研究动物是如何识别正在驶来的交通工具。

对接近的物体立即做出反应未必都是动物的最佳策略。通常最好的第一反应是冷静下来评估一下真正的风险。例如，如果一只动物看到一个快速向它移动的东西就逃跑，那这一方面可能是逃离了正在进行攻击的捕食者，另一方面也可能是逃离了只是跑过或飞过的非捕食者。这种不分青红皂白的逃跑意味着要将宝贵的时间用于逃离非捕食者，从长远来看，这样做也会有很大损失（我们将在第6章中更多地了解动物在评估风险时所做的权衡）。但是当小汽车、大卡车或飞机飞驰而来时，给动物留下的收集有关风险信息的时间极其有限。

由于红头美洲鹫很容易受到路边死鹿的诱惑，费尔南德斯-尤里契奇和他的同事计划用红头美洲鹫进行实验，看看鹫在觅食时如何识别正在接近的车辆。研究人员将卡车直接驶向正在进食的鹫。看到驶来的卡车越开越快，鹫就会在车距离比较远的时候开始逃离，以免撞上，这一点与预期一致。但它们也只能对一定时速范围的车辆做出这样的反应。当研究人员的车速大约超过每小时55英里时，鹫不再根据车辆行驶速度来增加它们逃离的距离，有些鹫险些被卡车撞到。费尔南德斯-尤里契奇和他的同事猜测，如此快的速度，鹫根本无法判断出时间。

费尔南德斯-尤里契奇随后将鹫实验带入实验室，以解决另一个问题，即鸟类与飞机相撞的问题。为此，他和他的同事研究了牛鹂，这种群居性的鸟类常常会发生与飞机相撞的事件。他们设计了由计算机合成的交通工具，以每小时35～223英里的速度接近牛鹂。随着模拟交通工具的移动速度不断加快，牛鹂开始飞离的距离就越远，但在车辆时速超过93英里之后，牛鹂似乎对速度就不再敏感了，这一点很像红头美洲鹫。

动物的感知能力在求生存的过程中不断演化。这就解释了为什么鹫和牛鹂在预判相遇时间的能力方面会受到限制，因为它们并没有与如此快速移动的捕食者共处过。对于这些鸟类和其他鸟类来说，威胁来临的速度不会像飞机那么快，它们也没有机会学会估算如此高速的物体飞驶而来的时间，在演化史上也没从这种能力中获益。费尔南德斯-尤里契奇和他的合作者正在探索让飞机和其他交通工具更容易被鸟类注意到的方法。他们把对特定动物如何感知和识别正在接近的物体所进行的详尽研究结合起来，并利用这些感知知识来设计特定的威慑手段，目的在于减少与交通工具的碰撞。

一些看似微小的事物可能会引发恐惧。过去这些事物曾是判断威胁的可靠线索。这种对微小事物的超敏感性让我们能够识别出令人恐惧的东西具有一些视觉上的共性：恐惧的景象赫然而现，它有眼睛，或者可能会爬行，或者有8条腿，或者看起来像椰子蟹，这取决于特定物种的演化史。当然，并不是所有捕食者都是可见的，在第3章中，我们将探讨声音何以引发恐惧。我们现在还会恐惧是因为恐惧在过去很有用。只要我们有害怕的东西，这些恐惧在未来就很可能会派上用场。

第 3 章

声音很重要

这是一趟从洛杉矶国际机场飞往加拿大不列颠哥伦比亚省维多利亚（Victoria, British Columbia）的早班航班。我感到疲惫，也有些紧张。同事利安娜·扎内特（Liana Zanette）和迈克尔·克林奇（Michael Clinchy）在机场接我，我们开车去了不列颠哥伦比亚省悉尼（Sydney）附近一个古老的港口。他们的苏迪亚橡皮艇在系泊处翘首以待。自从接到邀请要我来参观他们在海湾群岛（Gulf Islands）的研究点后，我就一直在担心这一刻的到来，因为我知道他们的船很小，而且我知道温哥华岛（Vancouver Island）附近的水域很冷。如果一个人在寒冬中突然被浸泡在冰冷的水里，那肯定是还没来得及离开水面，就会出现体温过低的情况。前一晚我没有睡好，想象着他们的小船倾覆了，我的身体在冰冷的水面上漂浮着，之后在战栗中死去。

令我宽慰的是，船上备有一套几乎全新的防寒救生服可以让我穿上。克林奇说："出于安全原因，你必须穿上这个。"然后他帮我穿上了笨重的红色救生服，并向我演示了如何将手腕和脚踝密封好。如果万一我落水了，救生衣可让人能够看到我，让我不用一直泡在水里，同时延缓体温过低的发生。他递给我一件救生衣套在防寒救生服外面，然后让我把沉重的车用铅酸电池搬上船。我们打算更换克林奇和扎内特在岛上进行实验所用的电池。克林奇掌着舵，满载的苏迪亚在水流中颠簸着驶向布拉克曼岛（Brackman Island）。有树木覆盖的岛屿共有5座，布拉克曼岛是其中之一，他们正在那里研究捕食者的声音是否会降低歌带鹀的繁殖成功率。

在本章中，我们将了解到，猎物能够识别其捕食者的声音，而这些声音本身就会影响动物对安全的感知，还可能会影响繁殖的成功率。我们将了解到，嘈杂的声音对包括我们在内的一些物种来说是特别能够引起恐慌的。这一现象可以解释为什么我们对某些类型的电影会产生恐惧反应。最后，我们将发出警告，用令人感到恐惧的声音和图像操纵公众是多么的轻而易举——这应该能帮助我们识破那些制造恐慌的政客们的伎俩。

我和同事们穿过哈罗海峡（Haro Strait）到达布拉克曼岛后，克林奇开着苏迪亚橡皮艇来到海滩。我们冲上岸，卸下了沉重的铅酸电池组。除了每天24小时、每周7天不间断运行的运动触发视频记录系统外，还有与防风雨箱中的扬声器相连接的MP3播放器。我们把船上所有的装备都搬到了他们的调查点。

实验设计很精妙。在歌带鹀筑巢之前，克林奇和扎内特将扬声器放置在每一个岛上，然后开始播放录音。一旦鸟巢搭建好了，他们马上用足够大的网把鸟巢包围起来，让歌带鹀可以进去，同时用电池供电的电栅栏把浣熊挡在外面。这种围栏消除了隼、猫头鹰、渡鸦、乌鸦和浣熊等捕食者对鸟蛋和雏鸟生存的任何物理影响。捕食者的声音是唯一的影响。

根据鹀鸟白天和晚上有可能会遇到的一系列捕食者（鹰、猫头鹰、渡鸦、乌鸦和浣熊）的叫声，克林奇和扎内特设计了一组叫声。这些声音在一天中适时播出。他们还设计了一组对照声音，同样在一天中适时播出，这些声音在频率和持续时间方面颇为相似，但不具威胁性。这些声音包括青蛙的叫声、风和海浪的声音、雁和潜鸟的叫声，还有蜂鸟和啄木鸟的声音。他们每天 24 小时，每隔几分钟向一组鸟巢播放捕食者的声音，向另一组鸟巢播放对照声音。为了避免鸟类习惯于所播放的录音而反应迟钝，在整个筑巢季节，会连续 4 天播放录音，然后再静默 4 天。克林奇和扎内特还安装了录像设备来研究对照巢穴，即那些没有暴露于捕食者声音的巢穴。

然后他们开始了漫长的等待。克林奇和扎内特观看了数千小时的视频记录，最后他们发现，在捕食者声音环境下筑巢的鸟类，其后代数量要少 40%。首先，这是因为它们产蛋数量减少。其次，产蛋被孵化的可能性降低。而且，即使产蛋被孵化了，雏鸟也不大可能存活下来，最后离开巢穴。这最终的结果被称为“育雏成功”，可以归因于父母很少去巢中喂食，因为父母被吓坏了！那些听到捕食者声音的鸟虽然坚持了下来，但是结果却不尽如人意。它们在孵蛋和哺育雏鸟时都会被吓跑。更糟的是，根据对这些鸫鸟多年的研究，扎内特和克林奇发现，缺乏食物的幼鸫不太可能活到育龄阶段，即使是活到了育龄阶段，也很可能会有神经和生理方面的问题，影响其成年后的存活。单单是引起恐惧的声音，就对这些鸫鸟的种群增长和生存产生了深远的影响。

扎内特和克林奇的实验结果证实了对其他物种研究得出的相关结果，如马鹿和狼，儒艮和双髻鲨，以及已得到充分研究的白靴兔种群周期。所有这些研究都证明，风险感知会改变动物行为和栖息地使用，影响繁殖成功率，并最终改变种群增长率。长期的压力对人类，包括我们的后代也有深远的影响。在压力大、社会经济条件差的环境中长大的孩子，尤其是那些面对悬殊的贫富差距的孩子，一生中出现身体和心理健康问题的风险会增加。在贫穷中成长会伴随着情绪和行为障碍，包括抑郁、焦虑和自杀。贫困与较高的婴儿死亡率、较高的体质指数和较高的总体死亡率相关。死亡的部分原因是，他们更有可能患慢性疾病，也更有可能在晚年患阿尔茨海默病。很明显，长期的压力深深地影响着我们和许多其他物种的健康与生存。

在第 2 章中，我们发现对赫然而现的物体进行辨识是先天性的行为。猎物可能一出生就能辨识出捕食者。但猎物也能学会对其捕食者做出反应。联想学习是指动物可以在遭遇不测后改变自己的行为；这机制力量强大，动物可以借此改变自己的行为，以增加生存和繁衍后代的机会。猎物可能天生就会对捕食者发出的声音做出反应，也可能会从捕食者那里习得。

为了研究动物是如何对捕食者发出的声音做出反应的，我和我的学生亚历克丝·赫特纳（Alex Hettena）、妮科尔·穆诺茨（Nicole Munoz）在科罗拉多研究了骡鹿。骡鹿的捕食者包括郊狼、美洲狮和狼。重要的是，尽管郊狼很常见，但在我们开展研究的地方很少能见到美洲狮。狼在历史上曾经是一种重要的捕食者，但在我们所在的科罗拉多这个地方，狼在 20 世纪初期就灭绝了。

我们的研究在黎明前就开始了。赫特纳走到野外观测站周围的草地上去寻找鹿。一旦发现了鹿，她就会慢慢地、悄悄地走到距鹿大约有 40 米的地方，观察它的行为。因为我们最感兴趣的是鹿的机警程度，所以我们记下鹿的每一次抬头与四下张望，以及每一次奔跑或跳跑。跳跑是鹿在受到惊吓时进行的一种腿部僵硬的腾跃动作。在对鹿的行为进行了短暂的量化后，赫特纳通过一个小型便携式扬声器分别播放了郊狼、狼和美洲狮等几种动物的声音。我们还播放了钟鹊的鸣叫声，这是一个澳大利亚物种，在我们的研究地点还没有发现过，这种声音对鹿来说是完全陌生的。通过将钟鹊的声音作为对照，我们能够弄清陌生感本身是否会影响反捕者的警觉性。我们发现骡鹿对狼和郊狼最敏感，但对美洲狮和钟鹊没有反应。从这些结果中我们可以得出结论，鹿至少能够对部分捕食者的声音做出反应，即便是这种捕食者（狼）已经灭绝。

为了把这些结果放到更大的背景下研究，赫特纳、穆诺茨和我查阅了关于猎物对捕食者声音做出反应的科学文献。我们找到了 183 项关于两栖动物、鸟类、鱼类、哺乳动物和爬行动物的研究，针对猎物对实验中所播放的捕食者的声音与非捕食者的对照声音所做出的反应进行了比较研究。这些研究绝大多数聚焦于猎物针对自身环境中现存的捕食者以及它们过去可能接触过的物种所做出的反应。回想一下，我们把狼的叫声用于骡鹿的研究，是因为我们想知道鹿是否能对已灭绝的捕食者做出反应。研究表明，虽然大多数物种会对熟悉的捕食者的声音做出反应，但猎物对已灭绝的捕食性声音做出反应的情况却不太常见。因此，有与捕食者共同进化的经历可以让猎物明白到底是在惧怕什么。

但是，是什么让动物能够对一生从未接触过的捕食者的声音做出反应呢？为了弄清楚这个问题，我和同事们对黄腹旱獭进行了一系列实验。我研究这个物种已经 20 多年了。在早期的实验中，我们提出的问题是，旱獭能否对已灭绝的捕食者（狼）和现存的捕食者（郊狼和金雕）的叫声做出反应。之前的实验表明，旱獭对陌生的声音没有反应，所以我们使用报警叫声——动物（包括旱獭）在发现捕食者时所发出的一种叫声——来观察捕食者的声音有多可怕。

为了进行这项研究，我们用少量的马饲料将旱獭引诱到距离它们安全栖身的洞穴约一米、距隐蔽的扬声器约 10～12 米的地方。我们静静地坐着，往往要等上几个小时，旱獭才会去吃诱饵。我们事先用染料在所有旱獭的背上都做了标记，所以我们可以分清所有的旱獭。一旦有一只动物开始觅食，我们就会记录下它的行为，一段时间后，我们再通过隐藏的扬声器播放声音。

个别旱獭对报警叫声的反应最频繁、最强烈：它们环顾四周并抑制了觅食行为。有趣的是，狼和雕的叫声，而不是郊狼的叫声也能引起反应。为了弄清叫声本身的性质，或者说旱獭是否演化出了某种识别模板，我们对实验进行了调整。我们倒着播放雕的叫声，并与正向播放的叫声所引发的反应进行比较，因为正放和倒放的雕的叫声频率完全相同，但节奏和频率轨迹不同。

与之前有关辨别视觉刺激所讨论的一样，当动物必须快速做出决定时，需要识别模板。但与眼纹模板不同，它预示着声音的某些频率或其他特征可能特别具有唤起性，我们发现旱獭需要以某种方式听到报警叫声——在这里是以正向方式。对具有特殊节奏和频率的正向雕的叫声做出反应，这一结果表明，识别模板可以是非常具有特定性的。

我们想更好地了解旱獭是如何对已灭绝的捕食者——狼做出反应的。是因为狼嚎的频率较低，还是因为狼嚎的长度引发了反应？狼的嚎叫声自然比郊狼的嚎叫声持续时间更长、频率更低，后者的嚎叫更“刺耳”，音调更高。会不会是旱獭对嚎叫的持续时间特别敏感？事实证明，答案是肯定的。就旱獭对正常长度的狼嚎声和特别长的郊狼嚎声所做的反应进行比较后，我们发现，尽管狼嚎的音调较低，但旱獭的反应没有差异。因此，通过关注狼的嚎叫长度（狼的嚎叫长度通常比郊狼长），旱獭是能够对狼做出反应的。

在澳大利亚进行的另一项实验中，我们发现群趋叫声，即寻求帮助赶走捕食者的叫声，可以引起多个物种的反应。群趋叫声与我们在第 2 章中讨论的群趋行为相关。这些叫声频率宽、节奏快、音调具有律动性，听起来很相似，即使是不同物种之间也是如此。如果你看到一只乌鸦被鸣禽包围，并且听到一阵刺耳的嘈杂声，这些鸣禽很可能是在发出群趋叫声。通过一项本科生野外生物学研究项目，我们发现，包含这些宽频群趋叫声的主频声节拍，在引发注意方面与真正的灰短嘴澳鸦（澳大利亚的一种群居物种）的群趋叫声具有同样效果。宽频白噪声节拍并没有引发注意。这一发现使我们将调查的重点放在了模板的特定结构上。

如果将鹿、旱獭和灰短嘴澳鸦实验的结果综合起来考虑，我们会发现动物可以具有特定的声学捕食者识别模板，就像我们之前看到的视觉捕食者识别模板一样。听到的特定频率、叫声节奏和叫声的持续时间都可能使动物对捕食者做出反应。但是这些反应会有多具体、动物从捕食者的声音中获得的信息又有多具体呢？

有一年，我们有两组学生对肯尼亚犬羚的风险评估进行了研究。犬羚是一种体形娇小的羚羊。在东非，大约 36 种不同种类的鸟类和哺乳动物会捕食犬羚。犬羚应该，也确实生活在恐惧之中。它们是一夫一妻制的，每天都和配偶在一起，通常是在开阔的地方，观察、倾听和嗅探附近是否有捕食者的迹象。它们在发现捕食者后的反应非常复杂。

一组学生向犬羚播放了鹰的叫声。听到这些叫声后，犬羚会抬头扫视天空，寻找来自上方的危险。而另一组学生则播放了胡狼的叫声。听到这些声音后，犬羚会环顾四周，扭动着它们差不多能抓握东西的鼻子——嗅探气味难闻的哺乳动物类捕食者。同样，几种生活在西非森林里的猴子，在听到花豹、肉食性狒狒或猎食猴子的鹰的声音时，也表现出了惊人的反应能力。就像在视觉捕食者识别模板中看到的那样，犬羚和生活在森林中的猴子演化出了识别捕食者声音的能力，无论这声音是来自空中还是地面，它们都能识别。

但从声学角度来讲，是什么让声音变得可怕呢？有一天，我在诱捕旱獭幼崽时对诱发恐惧的声音的声学特性有了新的认识。经过多年的实验，我研究了北半球 15 种旱獭中的 8 种，但正是在落基山生物实验室（Rocky Mountain Biological Laboratory）的一次经历让我重新调整了研究项目的重点。

为了开展对旱獭的研究，我和合作者对标记过的一个个旱獭进行了终身跟踪，以了解动物个体和群体如何应对多变的环境。动物就像人类一样，是有个性的，那我们就开始思考，同一物种不同个体之间的差异有什么价值呢。我们还试图了解社会关系的价值以及社会倾向在其一生中如何变化之类的问题。而且我们也在思考像这样的特质是否具有遗传性。我们对能够解释动物生存、成功繁殖和寿命差异的各类因素进行研究，并且对动物的反捕行为提出详尽的质疑。为了给动物进行标记，我们把马饲料放入步入式金属网陷阱做诱饵。一旦诱捕到旱獭，就会立刻称重；如果需要的话，给它们打上耳标，并使用旧牙刷和染料在其背上留下明显的标记，用于识别。我们检查每只旱獭的繁殖状况，如果有的话，还会收集粪便。另外，如果是年龄比较大的旱獭，还要采集少量血样。我们打算在旱獭幼崽从其出生的洞穴中一出来就立即对其进行诱捕，因为它们很快就会成为狐狸、郊狼和各种猛禽青睐的猎物。旱獭幼崽是捕食者的美食，因此仅有 50% 的幼崽能侥幸活到第二年。

有一天，我轻轻地抱着一只刚刚捕获的旱獭幼崽，它看着我，张大了嘴，发出了尖叫。我吓了一跳，差点把它扔到地上。但我从这件事中明白了一个道理，那就是即使动物在咬你，也绝不要放开它，因为每一次捕获都可能是这只小动物的最后一次。过去我从没有这样接触过旱獭幼崽，从没有听到过如此让人感到恐惧的声音。是什么让这种声音具有如此的情感冲击力？我以前从未对旱獭的报警叫声有过这种反应，即便说是幼崽的叫声也从未让我有过这种反应。

为了弄清我的这种内心反应，我和我的同事开始研究幼崽的尖叫声。我们注意到，有时在幼崽尖叫声过后，幼崽的母亲会从洞穴里出来，靠近我们。当幼崽发出警报时，幼崽的母亲通常没有这种反应；一般情况下，当有报警叫声响起时，动物会逃到它们的洞穴中，并在那里安全地待着。我们很快就发现，尖叫声在几乎每一个声学维度上都与报警叫声不同：尖叫声会更长、频率更低，并且有频率突然跃变的特征；尖叫声听起来比报警叫声更刺耳。正是这种刺耳的声音引起了我的注意。

幼崽的尖叫声让我想起了车载立体声音响开大后的声音。开始时立体声音响中播放的音乐听起来比较响亮，保真度很高。但在到达某个点后，如果你继续调高音量，音乐就会开始失真——有些杂音——并且可能会有快速的频率波动。这种失真和这些快速的频率变化也会在你超吹小号时或是旱獭超吹声带时产生。为了能理解个中原因，我们必须岔开来，对非线性动态系统做一个简短的探讨。

当非线性系统过渡到非线性输出时，例如当扬声器里传出的音乐开始失真时，可以预期的是，输出会以无法预测的混沌方式表现出来。混沌是数学的一个分支，可以轻松应用于各种动态系统——那些随时间变化、有各种输入或因素可能影响其输出的系统。混沌系统对其输入值的微小变化特别敏感。发声系统是复杂的动态系统。事实上，非线性的发声系统会产生确定性的混沌，这是一种非线性的类型，当输入稍有变化就会出现。因此，在音量较低的情况下，你的扬声器听起来没有问题，然后，当你再调高一点音量时，它突然就变了，听起来不那么动听了。非线性发声系统也会产生快速的振幅波动（音量听起来像是在上升和下降）和频率波动（音调快速变化），这也是爆音系统的特征。

动物和人类的尖叫声充斥着这些非线性声学属性。在电影《惊魂记》（*Psycho*）中，女演员珍妮特·利（Janet Leigh）在经典的淋浴场景中发出的第一声尖叫，就是一个典型的噪声和非线性声音的例子。

相比之下，当马龙·白兰度（Marlon Brando）在《欲望号街车》（*A Streetcar Named Desire*）中尖叫“斯特拉（Stella）”时，这一声音却不是一个恐惧的尖叫。它并不刺耳。我想知道为什么旱獭的尖叫声充满了非线性，而报警叫声却没有。我很好奇，想更多了解整个生命之树上的非线性声音。动物叫声中的非线性具有什么样的功能？

扎克·劳巴克（Zach Laubach）曾是我的学生，现在是我的同事，他分享给我一些猎物尖叫声的商业录音。这些录音是猎人用来诱捕或杀死捕食者的，因为捕食者会被猎物——遇险的兔子、狐狸和鹿——的尖叫声所吸引。我发现这些磁带很难听，因为我怀疑这些声音是通过虐待动物所获得的声音。这些录音中充满了非线性。此外，我还找到了黑猩猩的录音，它们发出经典的呼吸式低音调鸣叫声，渐次超吹达到高潮并发出刺耳的非线性声音。狐獴是生活在非洲南部的一种獴，它越害怕，发出的报警叫声就会越刺耳。小猪的尖叫和恒河猴的尖叫都具有相似的特征。通过这项研究，我意识到有一个共同点：所有这些物种，当处于类似的兴奋和恐惧状态时，都会发出非线性、刺耳的叫声。烦躁不安的犬吠声更刺耳、更嘈杂。我不禁要问，噪声是一种恐惧的声音吗？

为了寻找这个问题的答案，我们对旱獭和鸟类进行了一系列的实验。我们在旱獭正常的报警叫声中插入了一点噪声，并且作为对照，我们去掉了一段同等时长的声音，形成一段无声的间隙。这两种叫声都是非线性的，都具有快速的振幅和频率波动。旱獭对添加了一点噪声的叫声有什么反应呢？在听到添加了噪声的呼叫声时，它们停止了觅食，长时间观察着周围。

在伯利兹（Belize）几近荒无人烟的卡拉巴什岛（Calabash Caye），我们研究了鸟类对所添加的噪声的反应。我和我的田野生物学专业本科生播放了几种不同的音调：纯音、频率直接升高的音调、频率直接降低的音调（就像连续快速敲击两个钢琴键），以及在结尾处加了一点噪声的纯音。加勒比海大尾拟八哥是小岛上的一种常见鸟类，它对纯音与对照鸟的叫声没有反应，但对嘈杂声的回放反应最大。回到科罗拉多州，我和一名学生在野外观测站周围比较常见的白冠带鹀身上重复了这个实验。白冠带鹀和大尾拟八哥的反应相同。嘈杂的声音，甚至是完全人造的声音，似乎都具有唤醒作用。另一个田野生物学研究小组最近对法属波利尼西亚（French Polynesia）莫雷阿岛（Island of Moorea）上的一种不会发声的小蜥蜴进行了研究。结果表明，即使是不会发声的动物也有能力选择性地对合成的非线性和噪声做出恐惧反应。

我在加州大学洛杉矶分校的一次公开演讲中讨论了其中的一些研究结果，推测嘈杂的声音也可能对人类具有唤醒作用，并指出音乐家和电影配乐作曲家也许利用了这一点来制造令人不安的场景。令我高兴的是，音乐家、电影配乐作曲家彼得·凯（Peter Kaye）在休息时走过来和我认识了一下。彼得正在研究音乐影响情感的生物学基础。他向我介绍了大量的音乐理论文献，这些文献基本上没有涉及我们对音乐的情志反映的生物学基础。彼得觉得我的假设很有吸引力，我建议大家一道合作。我们聘请了一位加州大学洛杉矶分校的优秀学生理查德·达维迪安（Richard Davidian）和我们一起工作。利用互联网上的"最佳"片单，我们列出了最佳恐怖片、最佳伤感剧情片、最佳动作/冒险片和最佳战争片的清单。然后我们在这些电影中都发现了肖像化的场景，比如《惊魂记》中的淋浴场景，或者是在《绿里奇迹》（*The Green Mile*）中被无辜错判的非洲裔美国人约翰·科菲（John Coffey）走向行刑室的场景。我们在每个场景提取了30秒的声音片段，并制作了这些片段的频谱图，即声波纹，然后进行了分析。

与动态系统一样，电影原声带很复杂。它们可能包含对白、歌曲、拟音效果、画内（自然）音，以及由一种或多种乐器演奏的音乐。乍听之下，电影原声带中没有任何东西由于音乐制作的时间而能够反映出一套系统——无论是过吹与否。我们能找到非线性的类似物吗？我们能找到干扰或振幅或频率快速变化的实例吗？

彼得、科菲和我花了很多时间来仔细观察频谱图，并开发出标准化的方法进行评分。在我们确信可以稳定地做到这一点之后，科菲立刻就投入工作，边听边看这些片段。他对每个片段中是否存在特定特征进行了评分，其中包括了（但并不限于）嘈杂的尖叫声（我们对男性和女性发出的尖叫声进行了区分）、嘈杂的音效和频率突变。

我们发现，伤感类电影抑制了嘈杂的声音效果，强化了音乐频率的突变（插入那些极富变化的小提琴曲，很容易让我们落泪）。相比之下，恐怖类的影片抑制了音乐频率的突变，并以刺耳的女性尖叫声为独有的特征。我们已经找到了相关的证据，证明噪声在电影中被用来影响我们的情绪反应。

我和加州大学洛杉矶分校的同事格雷格·布莱恩特（Greg Bryant）讨论了这些结果。格雷格的研究领域是情感交流，他也是一位颇有造诣的音乐家。我们的相关发现引起了我的好奇，我问布莱恩特是否可以帮助我们进行人体实验。让我告诉你一个秘密：我们对人类心理学的了解大部分来自实验，实验对象是自愿参与实验的大学生，这些学生通过参与实验可以获得一些课程学分。学生志愿者报名后，我们开始准备实验。

首先，我们拍摄了10秒钟的视频片段，记录了人们做的一些相当温和的事情，比如走路或拿起电话。例如，一名妇女沿着马路走，5秒钟后转身穿过街道。在另一段视频片段中，一名男子坐在椅子上，在5秒钟的时候，电话铃声响起，男子拿起了电话。在第3段视频中，一位女士坐在桌子旁的椅子上，5秒钟后呷了一口咖啡。彼得和布莱恩特创作了时长 10 秒钟的能够刺激旱獭的音乐，这音乐有点像电梯音乐。然而，就在 5 秒钟这一点上，音乐要么会继续下去，要么就在乐曲中添加噪声或是其他类型的非线性信号。最后我们在视频片段中添加了我们的电梯音乐。现在一切准备就绪，可以接受学生受试者了。

我们给学生志愿者分别播放了纯音乐、纯视频片段或带有配乐的视频片段。每个受试者都听了许多不同的曲子，看了许多不同的片段。我们要求志愿者通过量表以由负数到正数的方式来描述他们所看到和听到的东西的正向程度，以及他们在接受每个实验刺激后的兴奋程度。在学生们看来，在没有视频片段的情况下，嘈杂的音乐最远离正向，最有刺激作用。使用我所说的旱獭刺激乐，我们可以以一种支持非线性和恐惧假说的方式唤起情绪反应：恐惧的声音是嘈杂的！

有趣的是，加入视频片段似乎减弱了对音乐的反应。志愿者们不再认为带有嘈杂音乐的视频具有唤起情感的效果。虽然出乎意料，但回过头来看，这还是有一定的道理。当同时呈现一个听觉和一个视觉刺激时，视觉刺激会占主导。年长一些的读者都知道，在电影胶片上，声轨和图像是分开的。作为观众，我们能够通过唇读来弥补两者之间的时间差，直至我们无法从知觉上将各种不同的刺激联系起来。我们在实验中制造出来的是一种失配的多模态刺激。视觉通道（通过设计）是柔和的，而声音通道（同样通过设计）可能会引起恐慌。在这种情况下，我们的学生在视觉上没有受到欺骗，因此，他们对伴有可能会令人感到恐惧声音的良性视频并没有做出反应。但是，当单独播放声音时，音乐就特别具有唤起效果。

我们通过重复相同的实验继续这些研究，但是增加了一项内容。第二次，我们记录了学生面部肌肉的电活动。有关人类和非人类的情绪反应的普遍性，有大量文献可以追溯到达尔文。达尔文将高声尖叫、胆怯害怕的动物描述为畏葸不前——想象一下一只因受到惊吓拱起后背的猫，或者一只因受到惊吓而退缩着想让自己看起来更小的小狗。相比之下，攻击性的叫声和姿态则与之相反：声音响亮、刺耳，并且伴随着夸张的姿势，想一下一只具有攻击性的狗或大猩猩炸起毛，向对手发起攻击时的样子。达尔文描述了人类面部表情的类似反应。后来的研究量化了人们体验不同情绪时的肌肉活动。我们的实验聚焦于这些肌肉是否会像大量研究所表明的那样，会被声音或视觉刺激触发。例如，当你感到恐惧或惊讶时，你的眼睛会迅速睁大，这一点你可能已经通过观察朋友对恐怖电影的反应知道了。事实上，我们的实验结果表明，嘈杂的声音会导致皱眉肌活动增加，眼睛迅速睁大。因此，实验结果表明，嘈杂的音乐会导致生理上出现可检测到的情绪反应。

如第 1 章所述，神经科学家使用功能磁共振成像（fMRI）来观察神经对各种刺激的反应。如果看到可怕的画面，大脑中与“或战或逃”有关的部分就会被激活。因此，对我们的研究而言，下一个合乎逻辑的步骤就是，看看我们的旱獭刺激乐是否激活了大脑的这一部分，即与应对恐惧情况直接相关的杏仁核。

虽然我们还未能进行这些实验，但另一个研究小组发表了一项功能磁共振成像研究成果，显示了令人恐惧的声音是多么粗糙。粗糙度是一种声学特性，这种声学特性通过非常快速的锯齿状振幅变化来定义。粗糙度不是噪声，但嘈杂的声音可以是粗糙的，认识到这一点很重要。根据该小组的研究，尖叫声也具备粗糙的特点。研究人员在将受试者放入功能磁共振成像机后，发现粗糙的声音完美地激活了杏仁核。因此，恐惧的声音似乎嘈杂而且粗糙。

那么，我们如何利用这些通过研究旱獭和人类获得的真知灼见呢？一种方法是将这些知识运用于创造性的追求之中，包括音乐创作。我在洛杉矶曾有幸遇到过一些优秀的音乐家，我总是想知道，他们是如何在音乐中创设情感场景的。受过传统训练的音乐家会立即跳到音乐理论——小调会令人感觉不安，等等。虽然朋克音乐人凭直觉使用大量的噪声来吸引听众的注意力，但我问过的那些人并没有具体告诉我其中的原因。我见过的音乐家没有一个能从生物学基础的角度阐述出我们有这种反应的原因。在对恐惧的声音有了更多生物学上的理解后，音乐家们可以添加有助于探寻这种基本情感的特定的非线性（如噪声），有效地创作出让我们感到害怕的音乐和其他声音。

但是，如何更广泛地使用这些真知灼见呢？自 20 世纪 50 年代以来，电视政治广告一直试图在观众中制造积极的和消极的情绪，通常是为了达到让我们给某个特定的候选人投票的目的。正如我们在实验中所看到的，嘈杂的声音和模糊的图像（视觉噪声）特别容易引发恐惧。林登・B. 约翰逊（Lyndon B. Johnson）总统 1964 年的雏菊广告就是一个绝佳的例子：一个小女孩从雏菊上摘下花瓣，用小孩子特有的那种可爱的方式数着花瓣，随后响起了一个类似太空飞行指挥中心那种开始数倒计时的声音。突然，镜头慢慢拉近，开始近景拍摄小女孩的眼睛，画面中充满了巨大的蘑菇云。约翰逊用刺耳的声音放大了视频剪辑中的可怕信息。这则广告就综合使用了这里讨论的方法——嘈杂的声音和噪声图像，激起了公众对约翰逊的政治对手巴里・戈德华特（Barry Goldwater）的恐惧。众所周知，戈德华特支持积极发展和使用核武器。

有证据证明，某些场面和声音能引起动物和人类的恐惧。那我们的其他感官会扮演什么角色？我将在第 4 章中探讨可能引发恐惧的气味。

第 4 章

充满危险的气味

迈克尔·帕森斯（Michael Parsons）与化学家合作开发出了人造澳洲野犬尿液。理想情况下，这种人造尿液是在真正的澳洲野犬尿液中发现的化学物质的一种混合物，具有突出的生物特性。为什么会选野犬？野犬尿液（但有意思的是，不是狗的尿液）可以吓跑袋鼠，使它们远离钟爱的食物，如什锦早餐或美味的苜蓿颗粒饲料。虽然这一发现听起来可能不像改变游戏规则那般重要，但它对澳大利亚采矿业来说却是一个潜在的重要发现。澳大利亚的环境法规要求，矿主要重新种植采掘期间移除的植被来回垦土地。事实证明，袋鼠以幼嫩的植物为食，严重阻碍了回垦区的植被恢复。因此，迫切需要有效的袋鼠驱避剂。如果澳洲野犬尿液可以在这些回垦区用作驱避剂，那么它将为驱赶来回垦区觅食袋鼠的一种自然的解决方案。澳大利亚一些州正准备出台禁令禁止猎杀“问题”袋鼠，帕森斯恰在此时开始这个实验，当务之急是希望找到一种能善待袋鼠的驱避剂。

为了亲眼观察野犬尿液的效果，我们从珀斯（Perth）出发，穿过红柳桉树林，向南来到鲁加利野生动物保护区（Roo Gully Wildlife

Sanctuary）。这个地方靠近一个名为博阿普布鲁克（Boyup Brook）的乡下小镇。在保护区的主屋里，帕森斯打开了装有冷藏尿液的罐子（罐子是用啤酒冷却器运到这里的），然后将适量尿液倒入几个直径为 4 英寸（1 英寸 =2.54 厘米）培养皿中——你可能还记得高中生物实验室里的那种矮矮的、宽宽大大玻璃器皿。之后，他轻轻地混入贮水晶体（贮水晶体通常掺入土壤，用来保持室内植物根部的湿润），做成散发着淡淡的野犬尿液气味的曲棍球大小的凝胶状球体。作为对照，他在其他培养皿中混入蒸馏水和贮水晶体。

已经完全习惯了保护区的袋鼠跳到主屋的后门廊，开始了下午的进食。在那些盛有袋鼠颗粒饲料和新鲜蔬菜的食物托盘里，帕森斯放入一只野犬尿液球或是一只水球。黄昏时分，西部灰袋鼠只在装着水球的托盘里进食。几个小时后，我去查看托盘。在装有水球的托盘里，食物已经被吃掉了，但是在装有野犬尿液球的托盘里，食物没有被碰过。我曾看过有关袋鼠在发现有野犬尿液时就惊恐地跳开躲避的视频，但观察到袋鼠竟然彻底躲避开这些托盘，着实令人感到震惊。这表明，仅仅是捕食者的气味就能阻止动物觅食自己喜欢的食物。

动物会对与捕食者相关的各种嗅觉线索做出恐惧的反应。但是，这些线索是特定的化学物质还是会普遍引起恐惧的化学混合物？在本章中，我们将了解已经经过研究的各种化学物质，其他动物（主要是哺乳动物和鱼类）对捕食性线索的各种反应方式，其中包含的潜在信息，以及人类如何利用这些线索来吸引和驱赶动物。

在后续的实验中，我们在西澳大利亚珀斯附近的卡弗舍姆野生动物园（Caversham Wildlife Park）放置了一套喂食盘。和上一个实验一样，帕森斯在一些食物盘附近投放了野犬的尿液或野犬的粪便，而在另一些食物盘附近投放了水。这个实验的显著特点是，我们在那里研究的 3 个物种——一群红袋鼠、另一群西灰袋鼠和 2 只沙大袋鼠——

很快就学会了避开附近有尿液或粪便的喂食盘。事实上，当走近带有捕食者气味的喂食盘时，它们会惊恐地逃离并跺着后脚。而且，让人感到不可思议的是，仅仅10天后，它们就完全躲避开了有捕食者气味的区域。值得一提的是，野生动物园里的动物可以安全地避开这些区域，是因为它们可以从其他地方获得食物，但是能弃如此高质量的食物于不顾，仍然是值得注意的。

帕森斯和我进行了更多的研究。我们试图了解对野犬尿液的反应是否在某种程度上是与生俱来的；如果是这样的话，那么我们可以预期它甚至对未接触过野犬的动物也能发挥作用。虽然澳大利亚大陆的动物与野犬一起生活了3 000～5 000年，但早在野犬进入澳大利亚之前，塔斯马尼亚（Tasmania）就因海平面上升而与澳大利亚大陆隔绝了。因此，野犬的气味对塔斯马尼亚的动物来说应该是完全陌生的。帕森斯和我想知道塔斯马尼亚岛的物种是否被野犬的尿液吓退。要确定这一点，需要做一些工程和建设方面的准备。

我们用铁丝网围住了一个自动喂食器。动物只有推门进入后才能接触到喂食器。在给野生塔斯马尼亚丛林袋鼠（一种矮小的林袋鼠近亲）和铜色帚尾袋貂6周的时间学会了如何进入喂食器后，实验开始。野犬的尿液被放置在两个地方来模拟不同程度的危险。一个地方是门外的一个开放空间里，这个空间可以接触到喂食器，另一个地方是受到保护的喂食器内，离食物非常近。监控录像对围栏内外的丛林袋鼠和袋貂在喂食器旁几个月来的活动进行了记录。随着夜幕降临，这两个物种对喂食器越来越小心翼翼、不断试探性地靠近喂食器。与没有放置野犬尿液的对照日相比，在放置了野犬尿液的日子里，这两种动物都更有可能在接近喂食器之前便逃之夭夭了。野犬尿液中到底有什么使得对野犬完全陌生的动物也感到恐惧？

好吧，我们也无法确定。肯·多兹（Ken Dodds）是我们的一位合作者，他在珀斯的西澳大利亚化学中心（Western Australia Chemistry Center）工作。多兹向我们展示了各种气相色谱仪和质谱仪，这是他用来从样品中分离出特定化学物质的仪器。这些仪器可以加热某种物质，当该物质中的特定化学物质挥发（成为一种气体）时，释放出的气体会被真空吸走。它们挥发时的具体温度是识别化学物质的第一步。然后，这些气体被泵送到质谱仪中，质谱仪可以测量出每种化学物质的具体质量。这个输出过程包括两条线，实时绘制化学物质的丰度和它们的具体质量。当没有化学物质挥发出来时，第一条线是平的，而当有化学物质挥发时会突然上升，然后当不再有化学物质存在时又会直线下降。这些峰值代表了存在的化学物质的量。第二条线描述的是每种挥发的化学物质的质量。已经确认好的化学物质特征预先会被存放在一个数据库中，通过这个数据库可以尝试匹配样品中所包含的特定化学物质。从理论上讲，此类信息可用于制造易于获得的廉价合成等效物。

利用这种设备，多兹和帕森斯证明了狗尿和野犬尿在化学性质上是不同的。野犬的尿液要复杂得多；其质谱光度曲线的峰值更多一些，表明其中有更多特定的化学物质。野犬的尿液似乎也因性别而异，这一发现并不出人意料，因为尿液中含有多种代谢化学物质，包括性激素（睾酮和雌激素）。许多针对其他哺乳动物种内交流的研究表明，动物闻一闻尿液就能辨别出性别。事实证明，尿液中含有其主人身份的各种有趣信息。

但尿液并不是唯一可探测到的气味。像所有动物和人类一样，捕食者的皮肤、羽毛或毛发上，以及它们的粪便中都有气味。分布在身体各处的腺体产生这些气味来与自己同物种的其他成员进行交流。但是，容易受到伤害的动物会根据它们所能够获得的捕食者的任何线索来进行调整。对一个好奇心满满的猎物而言，探测到尿液或粪便的气味只是提供了些许模糊信息。捕食者可能就在那里，也可能几个小时前曾路过此处。相比之下，探测到毛发、羽毛或皮肤的气味提供的信息则是：捕食者就在附近！

从漫长的演化史来看，我们的先人嗅觉非常灵敏，哪些先人能察觉到这些不同分泌物所产生气味之间的差异，他们才有可能存活下来并繁衍后代。事实上，无论我们是否意识到自己具备了这种能力，人类表面看起来是可以通过气味来辨识捕食者的。

在落基山生物实验室，我与几个成人组和儿童组一起验证了这个假设。在我们做了大致的研究回顾并讨论了我们小组对旱獭、鹿和鸟类的研究之后，我打开了存放在架子上的尿液样本。在不透露这些气味的具体信息的情况下，我要求每个人告诉我哪些气味来自肉食性捕食者，哪些来自草食性猎物。几乎每个人都能正确地识别出这些气味：捕食者的尿液比草食动物的尿液更刺鼻。为什么捕食者的尿液和猎物的尿液闻起来有明显的不同？那是因为食肉的哺乳动物会从消化的肉类中产生类似的化学废物。

我和我的学生在科罗拉多的野外基地就旱獭和鹿在嗅觉方面对捕食者的侦测能力进行了研究。为此，我们从线上供应商那里订购了尿液。猎人和捕兽者，以及拼命保护自己种植的花卉和观赏性灌木免受饥饿的食草动物侵害的房主们，驱动了这个从捕获的郊狼、狐狸、狼、美洲狮、鹿和马鹿身上收集尿液的市场。猎人和捕兽者在狩猎时利用猎物的尿液来吸引捕食者，用食肉动物的尿液来掩盖自身的气味。我们用尿液来测试旱獭觅食时的反应，就像帕森斯测试西部灰袋鼠一样。

为了在黄腹旱獭身上证实这一假设，我们放了一些马饲料，在饲料堆的中央钉了一颗大钉子，固定上一个带有捕食者尿液气味的棉球，或是一个非捕食者尿液气味的棉球。我们记录了旱獭嗅闻食物的速度、觅食时环顾四周的速度，以及它们觅食的速度。旱獭对水或对马鹿或驼鹿的尿液没有恐惧反应，但它们对捕食者的气味却有恐惧反应，这其中包括了狐狸、郊狼、美洲狮和狼。当它们捕捉到某个捕食者的气味时，就会减少觅食，并更频繁地环顾四周。有趣的是，它们对郊狼（成年旱獭的一种主要捕食者）和美洲狮（一种大多数旱獭可能极少会接触到的稀有捕食者）尿液的反应最为明显。它们还会对狼和赤狐的尿液做出反应。狼是当地已经灭绝的一种捕食者，赤狐是一种通常会对成年旱獭视而不见而对新生的旱獭幼崽钟爱有加的捕食者。因此，旱獭似乎有能力通过嗅闻尿液来评估遭捕食的风险。而且，正如第3章中所讨论的，由于旱獭仍然会对狼的气味和声音做出反应，它们似乎还留有对已灭绝物种的恐惧。

如何才能全面彻底地理解动物和人类对捕食性气味的反应？作为一个寻求理解行为差异的行为生态学家，理解针对捕食嗅觉线索的各种不同反应是一项挑战，我将这一挑战看作是一项贯穿整个职业生涯的计划——有太多的工作要做。环境决定一切，对捕食者所做出的适当反应会根据内部和外部刺激的不同而有所改变。换句话说，动物和人类都在不断地做出权衡。例如，你看完一部喜剧电影后很晚回到家与因交通堵塞很晚回到家后，同样看到一只小狗在啃咬你的鞋子，可能会有完全不同的反应。我们的情绪反应会受到我们自身状态的影响，我们对各类气味所表现出的一些不同行为反应，也可能与我们的状态有关。

当化学物质与特定的嗅觉受体结合时，动物就会对气味做出反应，这很像将汽车钥匙插入汽车点火装置，钥匙匹配了，汽车就会启动。同样，如果有合适的嗅觉受体，化学物质就可以改变行为。有没有特定的化学物质可以增强恐惧感？危险是否有气味？

三甲基噻唑啉，或简称TMT，就有可能是这样一种化学物质。这是从狐狸的尿液和粪便中分离出来的化学物质。暴露在三甲基噻唑啉下的人工培育的大鼠激活了它们的杏仁核——这表明三甲基噻唑啉直接进入了恐惧系统。许多这种嗅觉研究是由寻求二元反应的神经科学家进行的。例如，他们想知道一种化学物质是否能引起动物的恐惧反应，诸如因恐惧而导致的身体僵化。但是，研究中的三甲基噻唑啉和其他化学物质引起了一系列复杂多变的行为反应。也许我们应该期待更大的变化，因为嗅觉信号更像是香水而不是眼纹，其中有许多不同的化学成分。例如，几天前的尿液与新鲜的尿液在化学上有很大的不同，因此所表达的信息是不相同的——“一个捕食者曾经在过那里”与“一个捕食者此刻就在这里”。

另一种可能引起恐惧的化学物质被称为2-苯基乙胺，或称为PEA（是的，一种在小便中发现的，叫做PEA的化学物质）。这种生物胺是在食肉动物而非食草动物的尿液中产生的。事实上，食肉动物尿液中的2-苯基乙胺含量是食草动物尿液中的3 000倍。基于我们先前的讨论，你可能会猜测2-苯基乙胺是肉类消化后的产物，但这一点尚未有令人信服的定论。我们确实知道，小鼠和大鼠针对2-苯基乙胺有特定的嗅觉受体，类似于前面提到的汽车点火系统；2-苯基乙胺与受体结合，就像汽车钥匙插入点火装置一样会引发反应。

小鼠和大鼠也有一组痕量胺相关受体（TAARs），包括$TAAR_4$。正如嗅觉受体一样，$TAAR_4$在暴露于2-苯基乙胺时被激活。为了研究这种相互作用，神经学家们在实验室中分别培养出了具有$TAAR_4$受体的细胞系与不具有$TAAR_4$受体的细胞系。具有$TAAR_4$受体的实验室细胞系对短尾猫和美洲狮的尿液敏感，但对小鼠、人类或大鼠的尿液不敏感。不同物种的痕量胺相关受体数量是否有所差异？

是的！更为重要的是，不同物种的$TAAR_4$受体的数量也有差异：大鼠有17个，小鼠有15个，而人类仅有6个。这意味着有些物种可能更善于发现和应对捕食性气味。我们可以预测，大鼠和小鼠会比人类做得更好。行为学研究的确表明，实验室饲养的大鼠和小鼠以前从未接触过2-苯基乙胺或食肉动物的尿液，它们会避开有这两种气味的区域。其他研究表明，使 $TAAR_4$ 基因失能可以针对性地消除小鼠对2-苯基乙胺的反应能力。因此，对啮齿动物而言，2-苯基乙胺可能是危险气味。

令人感到不可思议的是，$TAAR_4$ 受体存在于鼻子中，但不是在犁鼻器中，犁鼻器是两栖动物、爬行动物，以及至少某些哺乳动物主鼻腔内的一个感觉细胞块。像2-苯基乙胺中能够激活 $TAAR_4$ 基因的那些气味，可能不同于通过刺激犁鼻器发挥作用的那些气味。犁鼻器含有许多化学感受器，但它与嗅觉神经并不相连。因此，我们不能说对犁鼻器检测到的化学物质做出反应的动物意识到它们“闻到”了这些化学物质，但不管怎样，在犁鼻器那里发挥作用的化学物质可能会引发行为变化，因为犁鼻器参与信息素的探测。一只狗在树根处撒尿表明它曾到过那里，所散发的化学信息中包括了狗的性别、身份和生殖状态。老鼠的尿液中包含了这些所有信息，以及一种叫做主要尿蛋白（MUPs）的信息素，它可以吸引异性。人类体内也可能存在类似的化学物质。虽然人类似乎没有犁鼻器，但我们是否有基于信息素进行的交流或做出的评估，尚无定论。

最近的一项发现表明，捕食者和其猎物在对血液中发现的一种特定化学物质的反应方面存在着类似之处。具体来说，反式-4，5-环氧基-(E)-2-癸烯醛，或称E2D，对吸血的厩螯蝇和狼的吸引力不亚于全血——众所周知，这两种动物都会被血液所吸引。小鼠对反式-4，5-环氧基-(E)-2-癸烯醛的排斥程度不亚于对全血的排斥。小鼠在被放置于一个有两个小室的盒子里后，相较于带有各种对照气味的小室，小鼠待在带有反式-4，5-环氧基-(E)-2-癸烯醛或全血的实验小室中的时间更少。但是人却不一样，暴露于反式-4，5-环氧基-(E)-2-癸烯醛的人皮肤电反应更多，走动也更多。看来，反式-4，5-环氧基-(E)-2-癸烯醛是捕食者和猎物都在使用的一种血源性线索；它提供了有关食物与危险的相关信息。

通过对鱼类的研究，我们在了解与危险相关的气味方面取得了很大的进展。与空气不同的是，在水中与气味相关的化学物质是集中的，更容易进行评估。水中化学物质的浓度高意味着危险就在附近；浓度低则意味着威胁还在远处。水中发现的与风险相关的化学信息可以在对象周围流动，这与视觉线索不同。如果有什么可怕的东西潜伏在石头后面，鱼类是可以察觉到的。鱼类猎物甚至可以对其他物种产生的干扰或警报线索做出反应。人们认为，当动物迅速远离捕食性威胁时，所排出的氨会向其他猎物发出警告。但这是非特异性信息。鱼类也可以直接辨识出捕食者。

鱼类猎物会对捕食者自然产生的化学物质做出反应，包括捕食者皮肤中的化学物质或排泄废物中的化学物质。当猎物发现鱼皮有破损时，它们会做出恐惧的反应。为什么呢？因为当一条鱼遭到攻击或猎杀时，皮肤会破裂，这个过程会产生化学报警信号。研究表明，鱼类猎物有一种非凡的能力，能够迅速学会将捕食者的自然气味与警报信号联系起来——比如在猎物皮肤上发现的信号。鱼类学会恐惧的对象和方式将在第7章中详细讨论。现在，我们只说，当死亡的气味还很新鲜时，猎物应该特别警惕。

但是请记住，猎物总是在寻找新的方法来避免被捕食，而捕食者也总是在寻找新的方法来确保能成功捕获猎物。消除嗅觉线索可能是提高捕猎成功率的一种捕食策略。例如，一些水生捕食性动物，如杜父鱼，似乎能够掩盖或以其他方式消化其食物气味的关键成分，以防止别的动物侦测到被捕食动物发出预示危险的化学物质。这种嗅觉伪装是提高捕猎成功率的另一个重要策略。

一些猎物也学会了通过掩盖化学物质来躲避捕食者。尖吻鲀以珊瑚为食，并保留了珊瑚的气味，以便将自己伪装起来不被捕食性鱼类发现。而海湾豹蟾鱼排泄的是尿素而不是氨，因为后者会吸引捕食性鱼类。因此，从化学的角度而言，豹蟾鱼通过排泄尿素就可以在捕食者面前隐介藏形。

但是如果猎物无法对其捕食者的气味做出反应会怎么样？弓形虫是一种寄生虫，能够感染所有温血动物。这种寄生虫通过在猫体内生活和繁殖而开启了生命周期。猫通过粪便排出寄生虫卵，这些虫卵发育后可被老鼠摄取。然而，由于这种寄生虫只能在猫体内繁殖一次，所以只有当猫吃了受到感染的老鼠后，这种寄生虫才能存活。但受感染的老鼠更有可能被猫猎杀，因为受弓形虫感染的老鼠无法察觉到猫的气味。研究人员发现，健康的老鼠在接触到猫的毛发时就会逃跑，但受弓形虫感染的老鼠却没有表现出这种恐惧。人类会因宠物猫或因食用未煮熟的肉类而感染弓形虫病。与未受弓形虫感染的人相比，受到弓形虫感染的人更容易因创伤而死亡。车祸、极限运动伤害和其他与高风险相关的死亡，在弓形虫病检测呈阳性的人群中更容易发生。这种寄生虫能够控制受害者的神经系统并降低恐惧感，这种结果会影响到行为并最终影响生存。

风险无处不在。在我们这个弱肉强食的自然界里，并不仅仅是美味的食草动物生活在恐惧中，捕食者也会遭受其他捕食者的猎杀。因此，捕食者也应该对其捕食者的气味敏感。共位群内捕食是指捕食者杀死其他种类的捕食者，事实上，它对生态群落有着巨大的影响。狼群在大黄石生态系统中的成功放归给了我们很多启示，但其中之一就是郊狼会反对放归。这是因为狼会猎杀有潜在竞争力的郊狼。随着狼的数量增加，郊狼的数量随之减少。这些影响并不局限于狼和体型较小的郊狼之间。

澳大利亚野犬也会捕杀体型较小的食肉动物。在这种情况下，它们是在服务于生态，因为它们猎杀的小型食肉动物主要是野猫和欧洲赤狐。这两种动物都是被人为引入澳大利亚，对澳大利亚特有的生物多样性产生了极大的影响。猫和狐狸都直接导致了本地哺乳动物的灭绝。自欧洲殖民以来，已有 20 多种澳大利亚本地哺乳动物惨遭灭绝，而这两个物种都难逃罪责。不过澳洲野犬也吃绵羊，因此，它们也会遭到射猎和毒杀，澳大利亚绝大部分地区也会用围栏防止它们的侵入。

19 世纪，澳大利亚人建造了一个近 3 500 英里长的围栏，把澳洲野犬阻隔在远离澳大利亚南部主要牧区以外的干旱地带。在狗栏（现在大家都这么说）的南面，野犬非常少见。在狗栏以北，尽管仍有牧场主不断猎杀，但澳洲野犬的情况要好得多。在这里，澳洲野犬捕食袋鼠，让袋鼠战栗；直接猎杀猫和狐狸，引起猫和狐狸的恐惧。由于澳洲野犬会捕杀遇到的猫和狐狸，所以，高过狗栏的本地动物要比低于狗栏的多。

这些发现让我和我的同事产生了一个新的想法。小型捕食者生活在遭遇大型捕食者的恐惧中，所以小型捕食者应该会对大型捕食者的气味做出反应，并躲避那些区域。如果某些地区的小型捕食者较少，那么也许那些地方对猎物来说就比较安全。

我们在落基山生物实验室所在地的经历支持了这一假设。10 多年来，由于狐狸的存在，在落基山生物实验室所在地附近很少有旱獭成功产下幼仔。郊狼和狐狸都捕食旱獭，但狐狸更青睐旱獭幼崽。在实验室所在地以外的地区，旱獭幼崽有更大的生存机会，因为郊狼会捕食狐狸。如果我们的直觉是正确的，那么聪明的猎物就是那些幸存者的后代，通过探测与其捕食者以及捕食者的捕食者相关的气味，这些猎物应该能够预估哪个地区相对安全。在更为完整的生态群落中，猎物应该感到更加安全，因为它们的捕食者或竞争对手也有捕食者。

一些研究表明，这种复杂的风险评估是可能的。例如，野外捕获的白鼬，又称短尾鼬，对同种动物的体味和对捕食者的体味的反应是不同的。研究人员对白鼬在实验环境气味中的觅食行为进行了量化。当白鼬闻到另一只白鼬的气味时，它们会非常谨慎，因为别的白鼬是竞争对手，而不是捕食者。一旦接触到捕食者（猫或雪貂）的气味，它们就会迅速吃掉研究人员提供的食物。研究结果表明，这些大型捕食者的气味降低了白鼬对遭遇同类的风险感知。

野猫会吃掉澳沼鼠，但袋獾则很少这么做，它们会猎杀猫。如果敌人的敌人就是我的朋友，那么澳沼鼠在有袋獾的地方应该感到更安全，而猫在有袋獾的地方应该感到不那么安全。事实上，在发现有袋獾的地方，猫被触发式相机（野生动物生物学家为普查野生动物而放置的运动触发相机）发现的频率就较低。如果老鼠对这种关系很敏感的话，那么它们在含有猫的气味的诱捕笼中被捕获的次数应该比在含有袋獾气味的诱捕笼中更少。一项实验的结果具有启发性，但并非完全定论。澳沼鼠在有野猫气味的捕笼中被捕获的可能性比在有袋獾气味的捕笼中要小，但与袋獾相比，它们在有食草性本地有袋动物（丛林袋鼠）气味的捕笼中被捕获的可能性也小。当然，这还需要不同系统中进行更多的实验。

综上所述，引起恐惧反应的危险气味可能与死亡和消化的气味有关。这些气味可以由食肉哺乳动物通过其尿液（2-苯基乙胺，PEA）和粪便（三甲基噻唑啉，TMT）排泄出来。它们似乎也存在于血液中（反式-4，5-环氧基-3-癸烯醛，E2D）。此外，捕食者毛发中的气味可以阻止猎物占据某个区域，而对这些化学物质敏感、容易受到攻击的猎物物种已经演化出探测这些气味的能力。聪明的具有复杂生命周期的寄生虫可能会操纵猎物检测这些化学物质的能力，增加它们这些寄生虫被传播给最终宿主的可能性。一些捕食者已经演化出嗅觉隐形能力，以减少被猎物发现的可能性。

但是对于人类来说，危险是什么气味？随着我们与哺乳动物近缘的分道扬镳，我们的嗅觉系统也在演化与特异化。我们在嗅觉辨别时的表现很大程度上取决于所使用的特定气味。我们甚至比啮齿动物更善于察觉某些气味，因为我们要么演化出了察觉这些气味的能力，要么保留了我们祖先察觉这些气味的嗅觉能力。但是，如果人类的痕量胺相关受体（$TAAR_4$）很少（负责检测 2-苯基乙胺，PEA），如果人类没有犁鼻器，那么我们有没有可能不具备探测危险气味的各种复杂能力？

我们当然会对某些特定的气味产生厌恶反应，这些气味包括腐肉、粪便和呕吐物的气味。但厌恶与恐惧是完全不同的情绪反应。厌恶使我们远离那些不受欢迎的事物，而恐惧则使我们远离捕食者。

结合本章所讨论的研究，我们知道，如果动物或人类能够嗅到或以其他方式察觉到危险的气味，那么它很可能是与生俱来的或是能很快学会的。而一旦学会，只要一次创伤经历就会引起对气味源头的恐惧。我们大概已经准备好学会将气味与痛苦的经历联系起来，尽管我们可能还没有直接察觉它们。我会在第 7 章讨论这个话题。

最好从一开始就避开捕食者和它们的气味，要么与它们保持距离，提高警惕，要么完全避开它们的领地。事实上，动物（和人类）避免遭猎杀的最常见方式，就是提高警惕或避开危险区域来减少与捕食者的接触。在第 5 章，我将探讨动物如何躲避风险。

第 5 章

提高警惕

公元前 5 世纪的历史学家希罗多德（Herodotus）在游历如今的巴基斯坦北部时，曾描述过一些奇异的动物。“在这里，在这片荒漠中，砂砾中生活着巨大的蚂蚁，它们的体型比狗小，但比狐狸大。波斯国王有很多这样的蚂蚁，它们是在我们所说的这片土地上被猎人们抓到的。这些蚂蚁在地下筑巢，外形和希腊蚂蚁很像，挖洞时也像希腊蚂蚁一样会抛出一堆沙子。现在，它们抛出的沙子里全是黄金。”

几年前，我在巴基斯坦北部进行旱獭研究时意识到，希罗多德写的是旱獭，而不是蚂蚁！希罗多德在丹萨尔平原（Dansar Plain）看到了淘金者在旱獭洞外筛选着旱獭抛出的砂砾。我想，或许研究长尾旱獭的好处远不止一种吧！

在这一章中，我们将了解动物应该在何时何地感到害怕，以及这对研究我们自身的恐惧有什么启发。我们会明白，完全消除风险是不可能的。我们将理解动物安全知识会如何影响我们的审美偏好。我们还将看到，当生活在无风险环境中的动物再次遭遇危险时会发生什么。

我的研究旨在量化动物在进行不同活动时所承受的各种风险。长尾旱獭是一个理想的对象，因为它们生活在一个非常完整的捕食者群体中，这个捕食者群体包括了狐狸、狼、雪豹、熊和鹰，而且它们还是穴居啮齿动物。依靠洞穴来寻求安全的动物在离开洞穴时会面临更大的风险。虽然到洞穴的距离可能是一个合理的度量标准，但是返回到洞穴所需的时间应该是一个更好的风险度量标准。行程时间可能会受到动物栖息地异质性的影响。例如，如果动物跑上坡比跑下坡需要花更长的时间才能跑完相同的距离，那么我们可以预期，风险的高低不是随着以洞穴为圆心的半径大小而增减的，而是会根据返回洞穴所需的时间而变化。出于这些原因，我研究了影响动物奔跑速度的种种因素。其间的逻辑是，动物在斜坡或岩石上跑得更慢，也需要更长的时间才能回到安全地带。

然而，行程时间只是赶到洞穴所需时间的一个因素。设想一只旱獭专注于完成一项非常重要的任务，这项任务会带给它巨大的好处。旱獭的任务可能是驱赶闯入其领地、试图偷走其食物或与其同伴交配的对手。对于旱獭来说，能够获得足够的体重来度过冬眠是至关重要的，而这需要足够的食物。此外，由于繁衍后代才是演化的根本目标，因此，保护好宝贵的配偶也非常重要。对于旱獭来说，所有的注意力都集中在赶走竞争对手上。在这种情况下，我们有理由认为，旱獭可能无法对其他可能是重要的刺激做出反应。

事实上，认知心理学家一直认为，注意力是有限的且可分散的，这一点我们在第 2 章的寄居蟹实验中就已经看到。如果动物的注意力过多地集中在一件事情上，那么就没有多余的注意力去关注其他事情。对冠蓝鸦的研究证明了这一点。当冠蓝鸦一心一意地寻找隐蔽的猎物时，就很难察觉到周围的刺激，这些刺激可能包括捕食者在内。

如果专注于做多项活动需要不同程度的注意力，那么在专心做某件事时要去应对潜在威胁所需要的时间可能是影响动物安全返回洞穴所需总时间的另一个因素。通过向正在进行不同行为，如嬉戏、打架、觅食和张望的旱獭播放报警叫声，我对这个问题进行了研究。果然不出所料，我发现嬉戏中的旱獭要么对播放的报警叫声没有反应，要么需要花相当长的时间才能做出反应。这个反应时间加上预期的行程时间，导致嬉戏中的旱獭花费了很长时间才能回到洞穴。相比之下，正在觅食的旱獭在不到一秒的时间内就对播放的报警叫声做出了反应，并像闪电一般跑回洞穴。因此，由于嬉戏有注意力成本，因此可以推断嬉戏是有风险的。然而，有趣的是，似乎是为了降低风险，旱獭只在离洞穴非常近的地方嬉戏。

我发现到洞穴的距离并不是影响旱獭风险的唯一因素。任何增加返回到安全地点所需时间的事情都会对风险产生影响。增加风险的绝不仅仅是距离，还有时间。这种见解对于预判动物如何降低风险具有很高的价值。

有些动物把茂密的植被当做安全保护。但是茂密的植被既可以起到保护作用，也可以起到阻碍作用。当动物发现捕食者时，茂密的植被通常是一个藏身之所，可以降低被一些陆生与绝大多数空中捕食者发现的概率。许多鹰和雕如果快速飞进灌木丛，翅膀可能会受到损伤。但并不是所有猛禽都会因此而受伤。捕食鸟类中的鹰属类猛禽的翅膀又长又尖，适于高速飞行和在追逐猎物时俯冲到树冠之下。有一次，在巴基斯坦吉尔吉特（Gilgit）的一次补给行动中，我看到一只鹰不知从什么地方突然冒出来，飞进了高大浓密的女贞树篱。仅仅过了几秒钟，只见它的鹰爪里抓着一只家雀又滑翔了出去。仅仅几分钟之前麻雀们还在树篱内外尽情地欢歌啁啾。它们可能没有看到捕食者的到来；我当然也没有注意到。它们可能觉得在茂密的植被中比较安全。袭击发生后，麻雀们惊呆了，陷入了静默。至少过了 10 分钟，啁啾欢歌声才重新响起。

我在澳大利亚研究过的尤金袋鼠和西部灰袋鼠的体型差别很大：尤金袋鼠和猫差不多大小，而西部灰袋鼠则和成年人一样大。我们在第 2 章已经了解到，这些昼伏夜出的有袋动物白天躲在茂密的植被中打盹儿，到日落时分它们才会出来，到开阔的地方觅食。我和妻子贾妮丝花了很多个晚上，通过影像增强器观察尤金袋鼠和西部灰袋鼠在那些有捕食者与没有捕食者的地方觅食的情形。我们发现，在这两种动物长期被哺乳动物和猛禽捕食的地区，尤金袋鼠和西部灰袋鼠在日落时分从植被中出来的方式是不同的。西部灰袋鼠先在植被边缘小心翼翼地观察一会儿，然后跳到草地中央，随后依靠后腿直立起来，四处张望。相比之下，尤金袋鼠则会慢慢地从茂密的植被中探出身来，在靠近边缘的地方觅食。收到报警信号时，西部灰袋鼠会直立起来，环顾四周，然后继续留在空旷的地方。而尤金袋鼠看起来就像偷二垒时被抓了现行的棒球运动员，迅速跳回到茂密植被下寻求安全庇护。对尤金袋鼠来说，茂密植被是一种保护，但对西部灰袋鼠来说，茂密植被则成为一种阻碍。

生态学家乔尔·布朗（Joel Brown）研究了夜间活动的荒漠啮齿动物——小囊鼠和更格卢鼠，它们以沙里的种子为食。当种子从花儿上落下时，种子同沙粒会被风四散吹开，形成一个个小簇，慢慢就会堆积起来。这些堆积起来的小簇或团块，能给饥肠辘辘的啮齿动物提供的食物数量各不相同。啮齿动物能够在短时间内从中收获大量种子的簇块是高收益的。低收益簇块往往需要花更多时间才能收获同等数量的种子。可以想象，啮齿类动物会更喜欢高收益的簇块而不是低收益的簇块。也就是说，啮齿动物应该更喜欢在种子簇块更为稠密的地方觅食，而尽量不去种子簇块稀疏的地方觅食。要知道，啮齿动物夜出觅食的时间很有限。因此，它们应该对簇块的收益率相当敏感。如果我们假设对收益率敏感的啮齿动物相较于那些对收益率不敏感的啮齿动物会繁殖更多的后代，那么有着最佳觅食方式的啮齿动物对簇块的收益率会非常敏感。

每个个体最终都会死亡。但让我们假设有两种结局：饥饿而死或被捕食而死。如果动物一直躲着捕食者，它就会饿死。如果动物无视捕食者而四处觅食，它就更有可能遭到猎杀。我们再回想一下布朗和他的啮齿动物实验。布朗打算通过实验来观察动物如何在忍饥挨饿和被捕食之间进行权衡。他意识到这种权衡背后的强大逻辑会让我们淡化风险，于是他设计了一个实验，直接将与特定簇块相关的风险问题摆到了动物面前。如果不同簇块的种子密度是相同的，但有些簇块要么是在危险区域，要么有着某种危险线索，那么啮齿动物留下的食物量的差异就可以归因于食物所在的位置或是危险线索。

因此，布朗发明了“放弃密度（Giving Up Density）法”。它的缩写“GUD”与“mud”押韵。为了进行这个实验，他将一定量的种子和一定量的沙子混合在一起，摇匀之后倒入食盘中。他把这些食盘放在灌木丛旁边或空旷之处，把食盘中的混合物留在外面一个晚上。第二天，他把沙子筛出来，称一称或数一数剩下的种子。小囊鼠或更格卢鼠经过一夜的觅食后，在“放弃密度法”食盘中留下的种子的数量可以反映食盘所在位置的风险程度高低。剩余种子的量大等同于这个地方危险；剩下的种子很少则意味着这个地方没有那么危险。布朗发现小囊鼠在空旷的地方留下的食物更多，而更格卢鼠则在灌木丛附近留下了更多的食物。这个方法提供的证据证明，茂密的植被对有的荒漠啮齿动物（更格卢鼠）是障碍，而对另外一些（小囊鼠）则是掩护；留下种子多的地方就是这个物种认为有风险的地方。

“放弃密度法”从发明以来，已经进行过改进以适用于其他动物，包括昼行的松鼠、沙鼠、有袋类动物、蹄兔、有蹄类动物和各种小型食肉动物。这个方法要求动物学会在食盘上觅食，一些生性谨小慎微的动物需要很长时间才能做到。研究人员将“放弃密度法”食盘放置在灰松鼠栖息的大树向外伸展的枝条上。在远处的食盘中，松鼠留下的食物较多，而靠近树干的食盘中的食物差不多会被吃光。由此可见，松鼠同尤金袋鼠和小囊鼠一样，在远离安全地点觅食时，会更加忐忑不安。

为了在旱獭身上进行风险测试，拉克尔·蒙克卢斯（Raquel Monclús）和亚历山德拉·安德森（Alexandra Anderson）在距离黄腹旱獭的若干主要洞穴 1 米、5 米、10 米和 20 米的地方分别放置了几堆马饲料。旱獭喜欢马饲料，我们猜测它们会尽情地多吃马饲料。我们发现，一旦旱獭发现了喂食站，它们就会根据洞穴离喂食站的距离而采取不同的行动。旱獭离洞穴越远，它们开始觅食之前犹豫的时间就越长，抬头张望的时间也越长。20 米外的食物堆都没有动过，而 1 米外的食物堆则全部被吃光了。旱獭离洞穴越远，它们就会越害怕。

我们知道，旱獭是在其居住的洞穴寻求安全，它们认为掩蔽物很危险。掩蔽物会有碍它们的周边视野，使它们无法及时对捕食者做出反应。当旱獭在高大浓密的植被中觅食时，它们经常会用后腿直立起来，环顾四周或找寻捕食者。但是可见性是造成这种行为的原因吗？

有一年夏天，我的朋友与同事彼得·贝德尼科夫（Peter Bednekoff）和我一起在落基山生物实验室进行了一项实验。贝德尼科夫是反捕行为研究的权威，他将理论和实证研究完美地结合在一起。他设计了一系列精妙的实验，完全把控了鸟类在进食时观察周围环境的能力。我们的目标是在旱獭身上做类似的实验。

首先，我们设计了一个边长各 1 米的觅食箱，其底部、顶部和一侧都是敞开的。我们可以在三面放置不透明的灰色塑料隔墙或透明的有机玻璃隔墙。然后我们把盒子放在一个旱獭洞穴旁边，在盒子里放一把马饲料，改变周围的视野范围，观察旱獭是如何在视野受到影响的情况下觅食的。当视野受到屏蔽时，旱獭会更多地四下张望吗？绝对没有！相较于透明的有机玻璃隔墙，旱獭在不透明的塑料隔墙围起来的食箱觅食时，四下张望并不那么频繁，进食也更加专注。它们也更不愿意进入不透明的盒子。它们一次又一次地进去出来，先是不停地左顾右盼，然后再进去狂吃一通。旱獭似乎对风险非常敏感，当它们无法同时监测风险时，似乎会通过快速高效地进食来降低风险。

不停地四处寻找捕食者会带来压力。在高风险阶段或之后一段时间，你会感到自己的心跳加速。心率的变化是生理应激和焦虑的敏感指标。通过在自由活动的动物身上安置的心率监测器，研究人员发现白额雁在警觉、受惊以及对其他雁进行攻击或防御性互动时心率会加速。当马匹看到一个新奇的物体或一个新奇的竞技场时，它们的心跳会加快。自由活动的洛基山黄鼠在不熟悉的地方比在其洞穴附近心率会更高。

我们还知道，支配地位、健康状况和其他与状态相关的因素可能会对个体所愿意承受的风险程度产生影响，因此，这些变量也可能会影响到栖息地的选择。例如，处于从属地位的动物可能无法与占据支配地位的动物竞争食物。在许多以小种子为食的鸟类中，处于从属地位的鸟或幼鸟往往会在捕食者出现后不久就出来觅食，因而冒的风险更大。这是因为占据支配地位者一般会在等待更长的时间后才会回到风险区域，因为它们无论何时到达都可以垄断资源。同样，处于从属地位者就需要去远离保护植被的地方觅食或者处于社会群体的边缘。一项研究表明，环境条件也会促使个体承担更大程度的风险。在寒风侵肌、阴雨密布的天气里，白喉带鹀会在远离保护植被的地方觅食——在这个时候，鸟类需要更多的资源来维持体温。有人可能会说，这些鸟类是在最糟糕的情况下做出了最好的选择——它们必须冒更大的风险去寻找食物，当然，它们也更有可能遭到捕食者的猎杀。

众所周知，非洲野水牛常常无端攻击人类，但它们也有捕食者。根据坦桑尼亚的一项研究，尽管野水牛体型庞大，战力彪悍，但每年仍有 14% 的公牛被狮子猎杀。通过记录水牛遭猎杀的地点，研究人员绘制出了捕食风险地图，发现在茂密植被的边缘遭狮子猎杀的概率最高。此外，他们发现水牛只有在泥滩这类能见度很高的区域才是安全的。像袋鼠一样，水牛显然发现了植被具有阻碍作用。更令人惊讶的是，水牛更有可能夜间在植被茂密的区域觅食，而此时遭狮子捕食的风险更大。水牛是否忘记了这类地方的高风险性？也许，从长远来看，在这些危险的地方觅食可以节省力气，相比之下，已经超过了其要付出的代价。不过，考虑到极高的被捕食率，这种解释还是有些牵强。显然，有必要进行更多的研究来解释这一自相矛盾的发现。

基于诸多研究的结论，我们知道风险评估是要具体环境具体对待的；毕竟，处于从属地位或饥肠辘辘的动物在觅食时要比占据支配地位或撑肠拄腹的动物冒更大的风险。因此，要真正理解动物在面对极限时是否已竭尽所能，可能需要相当多的有关个体、物种、特定环境下的风险史及其演化史的背景知识。为了保护我们的安全，增强我们的适应性，我们演化出了决策规则，以专门解决我们过去所面临的问题。

在我开始对风险认知的兴趣日趋广泛的时候，我知道我有很多东西要向迪克·科斯（Dick Coss）学习。科斯是加州大学戴维斯分校的荣休教授，是一位才华横溢、综合能力很强的学者，一直致力于从神经科学、动物行为和演化心理学等跨学科视角研究各种风险评估和感知。作为一名演化心理学家，科斯的目标是从功能的角度来解释人类行为。他假设认知能力是可以演化的，并从对我们祖先的研究中寻求启示。科斯对人类逃离和寻求庇护的千变万化的不同方式有一个特别有趣的假设，我接下来就会进行描述。

作为一位动物行为学家，我的研究（包括这本书）受到了整个人类演化史的启发，而大多数演化心理学家往往专注于距我们更近的祖先——大约距今 1 万年左右的祖先及我们的原始人祖先。从大多数演化心理学家的观点来看，人类群体在几千年的时间里都是稳定的，我们今天看到的人类特征都是从祖先所处环境中演化而来。

这种方法并非没有批评者，演化心理学如果走到站不住脚的极端，就会产生如此这般的不科学说法。但是，如果使用得当，这种方法反而可以产生可检验的假设，这些假设可以通过在不同文化中收集的多种数据进行评估。如果某一个假说所做的一系列预测经过了实证数据的评估和支持，那么我们就得到了对该假说的关联性支持。更理想的是，数据可能会否认某个假说，这是一种有效的推进方式，因为它缩小了范围。换句话说，进行科学研究的“强推论”方法产生了具有多种预测的多种假设。所有的假设随后都要通过实证数据进行评估。如果结果与某一个假设一致，但与其他假设不一致，那么本质上我们就获得了对某个模式的合理解释。然而，归根结底，科学是一个过程，随着新的假设和新的数据不断产生，曾经受到推崇的假设也可能会被人遗忘。

例如，阿尔弗雷德·韦格纳（Alfred Wegener）在 20 世纪初就洞察到大陆的移动，他的大陆漂移说可以解释地球上生活着的动植物和化石，以及地质特征的分布状况。大约 50 年后，板块构造理论才被完全接受。由于当时没有明确的机制，许多地质学家和地理学家都反对这一假说。这些科学家把地质变化归结为地壳的受热和变冷。最终，随着证据的不断积累，他们的观点遭到了驳斥。

科斯是一位颇有成就的艺术家，他对美学的演化起源很感兴趣。他想知道为什么我们会觉得某些图片比别的图片更有吸引力。他对树木在景观中的作用特别感兴趣。与演化心理学对最近祖先的关注一致，科斯假设，在我们的原始人类历史上，如果女性的体重比男性轻，那说明她在树上待的时间更长。他认为，雌性南方古猿阿法种更有可能在树的附近觅食、逃到树上躲避，并在树上睡觉。虽然有时人们会认为男孩比女孩更擅长攀爬，但数据显示并非如此。女孩更常在操场上攀爬，而小男孩更有可能从操场的攀爬架上摔下来受伤。因此，在人类漫长的演化史上，人类男性和女性对攀爬的需求存在差异，这似乎是有影响的。

男孩和女孩对安全地点的回答也各不相同。科斯和他的同事给孩子们看了一些描绘不同环境的照片。他们问孩子们，如果被从动物园里逃出来的狮子追赶，在哪个环境中会让他们感到安全。男孩更倾向于指着那些有巨石的照片，而女孩则更倾向于选择那些有树木的照片。在别的实验中，当参与者被刨根问底地问及树型结构的典型特征时，含有诸如东非稀树草原上的金合欢之类的伞形荆棘树的照片最受青睐。综上所述，这些发现与我们的预期是一致的，基于这一演化情景，有史以来在栖息地选用方面的性别差异，会影响着不同性别对安全性的感知。

进一步研究发现，树木的图片既能让人放松，也能让人感到恐惧。科斯的工作受到了美国国家航空航天局（NASA）的资助，他的研究表明人类受试者在看到远处的森林和稀树草原景观照片时会感到更舒服。然而，虽然树木可以为居住在热带草原上的灵长类动物提供保护，但与茂密森林相关的恐惧由来已久。人类很依赖视觉，而在茂密的森林中，我们无法发现远处的风险。的确，有许多童话都有孩子们在森林中迷路，遇到怪物和食人兽的故事。不管怎么说，《小红帽》的主人公毕竟是一个樵夫。一些研究人员假设，我们砍伐森林和开垦景观的偏好可能源于我们与生俱来的对遮挡视线的恐惧。

就像上面讲的非洲野水牛一样，其他动物也可能对捕食者带来的风险有着类似的天真想法，而栖息地的选择可能是这种天真想法的一部分。正如我将在第 9 章中详细讨论的那样，20 世纪初狼的绝迹以及随后在 20 世纪末将狼重新引入大黄石生态系统，在栖息地选择和恐惧方面提供了许许多多的教训。

保护生物学家经常提到“变动的基线”。他们的意思是说，对于变化缓慢的事物，早期的经验会让你建立起什么才是合理的感知。例如，在过去很多个世纪里，海龟的数量极其庞大，早期到过加勒比海的欧洲游客将海龟描述为“不计其数”“供应源源不断”。现如今，海龟数量正从几个世纪的过度捕捞中慢慢恢复，但还远没有恢复到最初的数量。因此，只观察最近一段时间海龟数量的科学家可能会认为海龟种群已经恢复，但要达到历史上那种数量“不计其数”的生态，还需要进行更多的野生动物保护工作。

对于 20 世纪中期黄石公园的博物学家而言，所谓“正常”状态反映的是河岸上缺乏大量植被，河流附近鸟类多样性减少，这是由于放纵河狸、马鹿和驼鹿在沿河两岸上吃草造成的。狼是这些物种的主要捕食者之一，没有了狼的踪影，这个地区至少有 70 年都陷入了放任自流的状态。狼群的重新引入使得溪边的植被明显恢复。河狸被吓回水中，驼鹿和马鹿在可见度更高的地方觅食。这种变化相当突然。这种情况是如何发生的？乔尔・伯杰（Joel Berger）的研究提供了一种机制。

这些年来，我从伯杰那里学到了很多东西，包括生物学和如何做导师。他的专注、热情和幽默倾注在了他那富有创造性的实验设计和抽丁拔楔勇破难题的自虐般的驱动力中。在研究北美和非洲南部的有蹄类动物时，他曾在露营车里住了好几年；而过去几十个玄冬，他都在阿拉斯加（Alaska）、加拿大（Canada）、西伯利亚（Siberia）、斯瓦尔巴（Svalbard）等黑暗的北部地区度过，在那里研究反捕行为。这些物种每一天都要面对饿死或被捕食这样的困境。

伯杰的研究表明，在大黄石生态系统中，一头母驼鹿与狼的一次遭遇就会导致它对捕食线索做出恐惧的反应。为了对此进行研究，伯杰装扮成了一只驼鹿！这样，他就可以充分接近毫无戒备正在觅食的驼鹿，向它们投掷粪便和尿液袋或是播放捕食者的声音。在历史上没有狼的地区，雌驼鹿（母鹿）对这些不同的捕食线索反应有限。然而，一旦一头母驼鹿有过一次遭遇，比如一头小驼鹿遭到狼的捕食，它就会立即环顾四周，对捕食刺激做出反应，更有可能逃离。

像捕食者识别这样的行为反应从黄石国家公园植被的生态反应中就可见到。由于河狸和有蹄类动物害怕死亡，减少了光顾沿河两岸的次数，这一区域原先遭到啃食的植被重新生长起来。接下来发生的事情让生物学家感到惊讶——鸟类又重新开始在这些地区筑巢（详见第9章），这从真正意义上恢复了19世纪早期刘易斯（Lewis）和克拉克（Clark）探索该地区*时的原生态。

对于不了解捕食者的个体来说，第一次遇到捕食者是非常危险的。由于自然和非自然的原因，种群可能会发现自己没有捕食者，也许是因为种群被隔绝在一座没有什么捕食者的岛屿上，也或许是因为人类已经射杀、毒灭与捕获了大多数捕食者。同样，不了解捕食者的动物可能会因为自然和非自然的原因而暴露在捕食者面前。捕食者的范围可能会随着时间的推移而自然改变，或者人类可能会引入捕食者（或将猎物转移到有捕食者的区域）。对于保护生物学家来说，了解动物是否能够学会识别捕食者并避开危险区域是一项非常重要的课题。

在查阅了最近的研究后，我和我的同事格里芬、埃文斯意识到，

---

* 指1805年左右，托马斯·杰斐逊总统指派梅里韦瑟·刘易斯（Meriwether Lewis）组建探险队，与威廉·克拉克（William Clark）共同带领数十名队员对北美中西部所进行的探险考察。——译者注

很少有研究人员在探索如何教会那些不了解捕食者的动物对捕食者做出适当的反应。正如我在第 2 章中所述，格里芬把一只狐狸标本推到尤金袋鼠的视野范围中，然后身着女巫服装手拿捕网，追赶尤金袋鼠。尤金袋鼠很快就学会了逃跑，并对狐狸提高了警惕，因为狐狸的出现预示着敌对事件的发生。在随后的研究中，格里芬发现尤金袋鼠只能学会了解特定的捕食者，因为她无法教会它们对山羊标本做出反应。她还发现社会学习很重要：尤金袋鼠可以通过观察之前受过训练的尤金袋鼠对狐狸做出的反应学会害怕狐狸。大多数关于此类捕食者条件反射研究的重点放在教会动物对捕食者的样貌、声音或气味做出反应——他们在教会动物进行捕食者识别。而我们所不知道的是，我们是否能教会动物避开有可能遭遇捕食者的地方。

通过缩短在危险地区的时间来减少遭遇威胁的可能性是延长寿命的好方法。聪明的动物学会了尽可能或是天生就会在相对安全的地方活动。暴露于有捕食者的环境中时，也许应该从时间上加以衡量——包括在危险地点花费的时间和返回安全地带所预期需要的时间——正如我在巴基斯坦对黄腹旱獭的研究结果所展现的那样。

如果我们想要避免威胁，了解威胁至关重要。但是，我们从黄腹旱獭和冠蓝鸦身上了解到，行为具有注意力成本，这可能会妨碍动物（和我们）发现威胁。由于最好的做法是避免从一开始就不得不识别捕食者，所以一般来说，找到安全区域，避开危险区域，是很重要的。我们已经明白安全取决于环境，不同物种对植被是具有保护作用（囊鼠和尤金袋鼠）还是阻碍作用（更格卢鼠和袋鼠）的判断并不相同。我们已理解可见度是如何影响旱獭的风险评估的，同时也明白可见度是如何影响人类对称心合意或具备吸引力做出判断的。

越来越多的文献表明，医院中悬挂自然景观的照片可能会改善病人的健康状况，提升幸福感。许多报告显示，与每天面对光秃秃的墙壁的病人相比，那些周围悬挂有某类图片的病人疼痛更少，感觉会更好，并且出院也会更早。虽然证据还显示，颜色可以影响对焦虑的感知（红色和黄色似乎没有绿色和蓝色那么令人舒缓），但对患者而言，接触风景和自然场景可能要比接触较为抽象的艺术更有好处。未来的研究可以关注能够增强积极健康结果的场景的具体属性上。科斯的研究表明，带有适合攀爬树木的开阔的自然风景照片或绘画，可以让人产生安全感并增强疗效。

风险是无法避免的。然而，我们所有的祖先都成功地管控了风险，并为此演化出一套针对特定情况的行为反应。这突显了人们从生活中得到的一般性启示与权衡无处不在。在第 6 章中，我们将采用一种经济学的研究方法：量化感知到的威胁，并研究影响这些权衡的多种因素。我们将在第 10 章中讨论，什么时候应该高估风险，谨慎行事，什么时候应该接受风险，坦然面对。当然，躲避一切风险，就意味着要忍饥挨饿。

第 6 章

经济学的逻辑

2000 年 12 月，我和贾尼丝前往澳大利亚昆士兰（Queensland），研究岩沙袋鼠和鸟类的反捕行为。阿瑟顿台地（Atherton Tableland）的鸟类特别多，我们研究的独特物种数增加了，这让我很高兴。当时我刚刚开始建立一个鸟类惊飞距离（flight-initiation distance，FID）的大型比较数据库，有关这个课题的研究还不够充分。惊飞距离是指某个物体在接近动物并导致其开始逃避时，该物体与动物间的距离。差不多所有的物种都会对接近的人类做出恐惧反应，现在有关惊飞或刺激动物逃离其所在位置的文献不计其数。贾尼丝和我正在建设一个大型数据库，利用人类刺激条件下的惊飞距离来解答为什么有些物种而非所有物种能容忍人类这一基础性的问题。我们希望，通过比较不同物种的恐惧反应，来了解这些关系是如何演化的，从而创建我们所谓的恐惧生态学。

数据收集是件十分愉快的事，因为我们是从寻找和识别当地的鸟类开始的。一旦发现了一只鸟，我们就一边慢慢地向它走去，一边数着匀称的步幅，记下它环顾四周的位置、逃跑的位置，以及我们开始接近时它所在的位置。我们的小心谨慎和兢兢业业得到了回报：两周后，我们带着庞大的数据集以及大量陆生水蛭所留下的为数不多的痂离开了。我们从这些看似简单的数据中学到了什么呢？逃避决策很好地说明了支撑所有决策——无论是动物还是我们所做的——经济学逻辑。

动物是如何评估风险的？在本章中，我们将对有关惊飞距离的大量文献进行探索，了解风险评估的动态模式。这些知识对生态旅游具有重要的意义，因为动物对我们有恐惧反应，就像它们对捕食者有恐惧反应一样。通过理解恐惧的经济学原理，我们可以更深入地了解动物（和人类）在日常生活中所做的权衡，从而使它们（和我们）能够再多活一天。

只调用最少时间、精力和资源来应对威胁的动物将在竞争中脱颖而出，最终会比那些对恐惧局面反应过度的动物繁殖更多的后代。动物一旦发现有捕食者接近就应立即逃离，这个普遍观念有可能是错误的。事实上，达尔文在现在被称为《比格尔号航海日记》（*Voyage of the Beagle*）一书中写道，他对人能够近距离接触加拉帕戈斯群岛（Galápagos）上的动物这一现象感到困惑不解，对后来被称为孤岛驯服 * 的问题研精覃思，进行了深入思考。自从达尔文的考察以来，科学家，特别是行为生态学家，都在明确的功能和演化背景下，探寻能够解释行为多样性的规则——无论是物种内部的多样性还是物种间的多样性。具有净收益的行为得以选择和演化，而具有净成本的行为则会遭到自然淘汰。

最终，成本和收益应该根据适应性进行量化。行为生态学家对

---

* 孤岛驯服是指生活在没有天敌的孤岛上的动物，会逐渐丧失对恐惧条件反射的能力；一旦出现威胁，动物就会变得非常脆弱。从生物演化的角度而言，与危险完全隔离会导致物种面对危险的脆弱性。——译者注

"适应性"*（fitness）的看法有所不同。我们衡量一个人的健康状况并不是看他每天走多少步，而是看有多少基因能存活下来，传递给后代。毕竟，演化就是让你的基因能比其他个体的基因以更高的频率留存下来。从这个角度看，适应性动物是那些基因在后代中占据很高比例的个体，而不具备适应性的个体则是那些在后代中没有基因代表的个体。

尽管理论上很简单，但在绝大多数情况下，要正确衡量演化的适应性还是非常困难的。在野外跟踪传给后代的基因并非易事，将某个特定的行为归因为某项适应性的结果也不容易。于是，行为生态学家们选择了一条捷径：他们将那些应该与适应性相关联的东西进行了量化：时间、精力和机遇。从这个角度来看，代价高昂的行为是指那些要花费时间或精力，或是阻碍个体进行其他可能带来更好结果的行为。在其他条件相同的情况下，跑步比走路成本更大，静坐比运动成本更小。消耗能量不是件好事，除非是为了生存。例如，逃离躲避捕食者显然是值得付出的代价。通过使用这些适应性替代指标，以及像我和贾尼丝在阿瑟顿台地所做的那些惊飞距离实验，我们就可以确定支配逃避行为的规则。我们来看看其中的一些规则，我还将展示这些规则是如何描述演化适应性的。

1986 年，位于温哥华郊区的西蒙弗雷泽大学（Simon Fraser University）的两位研究人员罗恩·伊登伯格（Ron Ydenberg）和拉里·迪尔（Larry Dill）发表了一个看似简单、实则精巧细密、构思新颖的逃避行为模型。他们意识到，发现捕食者后立即逃跑，不仅要考虑逃避带来的惠益，还要考虑逃避产生的代价。如果逃避过早，就会丧失机会。而如果逃避太晚，就会被捕食。

---

* "fitness"一词既可以表示适应性，也可以表示健身。故此才有了作者所谓衡量步数一说。——译者注

为了说明这一点，他们绘制了与捕食者的距离和逗留成本之间的关系曲线图，即他们所说的逃跑惠益。距离远，则逗留的成本相对较低。当假想的捕食者离猎物越来越近时，逗留成本会上升。因此，如果距离是曲线图上的 x 轴，曲线会随着距离的增加而向下倾斜。在同一幅曲线图中，他们还绘制了捕食者距离和逃跑成本之间的关系，逃跑成本呈线性增长。逃离远处捕食者的成本要比逃离近处捕食者的成本高得多。随着距离的增加，逗留成本曲线下降，而逃跑成本上升，因此两条线有个交叉点。从猎物的角度来看，这个点就是逃跑的最佳距离。

什么样的事情会影响逃避成本呢？如果附近有捕食者，立即逃跑不是更好吗？伊登伯格和迪尔认为，失去觅食机会是其中一个成本。设想有两只鸟：一只在觅食，另一只刚刚进完食在枝头消食然后再去觅食。如果觅食活动受到任何限制，那么正在觅食的鸟如果因为要逃避正在靠近的人类而停止进食，那它的损失更大。因此，它的逃跑成本就更大。通过运用经济学逻辑，伊登伯格和迪尔发现，当逃避成本上升较慢时（如对正在消食的动物），逃避的最佳地点是较远的地方；当逃避成本上升较快时（如对正在觅食的动物），逃避的最佳地点是较近的地方。换句话说，当逃跑惠益超过了逗留成本时，动物就应该逃跑。

总的来说，行为生态学家认为，当个体从一组可能策略中选择能产生最大适应性的策略时，其行为是最优的，无论是在发现捕食者时立即逃避，还是等 10 秒钟再逃跑，或在惠益超过成本时逃跑。既然我们已经将适应度最大化定义为效益成本比的最大化，那么不论是从定义而言，还是就通常情形来讲，这个决策都应该是最优方案。我们假设，与使用其他可能的策略的个体相比，在最佳时机逃跑的动物能够生存下来，并将其精力用于繁殖更多的后代中。重要的是，“最佳”是相对于种种可能的策略而言的，不是想象中的最佳，而是一些可能采取的策略中的最优。虽然对黑斑羚来说，见到一群野狗时远走高飞可能是想象中的最佳选择，但事实上黑斑羚不会飞。

自从伊登伯格和迪尔的模型引入了逃跑决策优化的观点之后，许多研究人员开始研究影响逃跑行为的各种因素。一些研究发现，群体规模较大的动物在逃跑前可以容忍更近的距离。另外一些研究则得出了正好相反的结果。一些研究发现，当动物身处浓密的植被中时，它们能容忍更近的距离。也有一些研究得出了完全相反的结论。是什么导致了实验研究如此迥异的结果呢？既然差别如此之大，那有没有一个能够解释我们在自然界中看到的许多逃跑行为的普遍原则呢？

许多学科的科学研究会借鉴其他领域的方法和观点，旧的问题往往通过新的工具和技术得到解决。行为生态学就是这样一门学科。我们利用其他学科的观点来帮助我们确定普遍原则，并大获成功。经济学的工具可以帮助我们理解动物的觅食决策，而类似的工具让我们对何时应该保卫领地、何时应该为获取资源而放手一搏等问题有了更深刻的理解。

物种与其近缘有着共同的关系。狗和狼的亲缘关系很近，相比之下，猫和狗的亲缘关系则要远得多，因此，狗和狼在行为方面更为相似。近缘物种可能有相同的体型大小、大脑容量、眼睛大小，有相同的繁殖策略、栖息地选择偏好和整体外观。如果这些不同特征影响了逃跑行为，那么我们就想知道如何解释预期的相似性，因为在给定的数据集中，某些物种可能比其他物种关系更为密切。当数据收集方式存在偏差时，这就会成为一个问题。例如，如果不同种类乌鸦的数据能很容易收集到，我们就不希望乌鸦数量比例过高，因为这会影响我们关于所有鸟类中身体质量或群体规模对逃跑行为影响的一般结论。演化生物学家和统计学家已经找出了一些方法，使我们能够消除这些紧密的亲缘关系的影响，并真正分离出身体质量或群体规模与逃跑行为的关系。然而，不同的比较研究可能会得出不同的答案，因为这些研究是在不同时间和不同地点针对不同物种所进行的研究。毕竟，由于物种适应环境的方式不同，我们预计环境因素会造成某些行为差异。

幸运的是，有一种统计方法可以让我们把不同研究的结果结合起来，以便对行为的多样性得出更普遍的结论。这种方法被称为元分析法（meta-analysis），是生物医学研究人员经常使用的一种方法，他们需要就某种特定疗法是否有效得出可靠结论，而行为生态学家已经成功运用了这种方法。需要注意的是，元分析法是对已公布结果的统计分析。元分析利用所有证据预测平均效应的大小，即一个变量对另一个相关变量的效应，而不是简单地说，当群体规模较大时，5 个物种可以接受更近的捕食者距离，而 10 个物种会更快地逃避。它可以为数据多的研究分配更多的权重，为数据少的研究分配较少的权重。通过关注效应的大小，我们就可以理解一个特定变量对解释结果差异的重要性——在我们的案例中，这个特定变量就是惊飞距离。

效应大小与传统上的统计学特征不同，不会过多地受观测数或数据量的影响。相反，它描述的是一个变量或一次处理所带来的标准化结果。对比一下抽一支烟或冲着头开一枪对寿命的影响（千万不要在家这样做哟！）。抽完一支烟，你还可以活很长一段时间，因为一颗子弹所带来的后果的不确定性要比一支烟更小。但这并不是说经常性大量吸烟不会产生影响；实际上确实会有影响。据估计，对一个烟瘾重的人而言，每吸一支香烟会减少 11 分钟的寿命。然而，一颗子弹极有可能会让你撑不到第二天。一颗子弹显然要比一支香烟对寿命的影响大得多。

通过元分析法，我们可以预估影响不同物种逃离时间的诸多因素的相对重要性。一项元分析会告诉我们，群体规模、性别、大脑容量或眼睛大小对于解释不同物种的惊飞距离差异方面的权重。因此，通过元分析我们就能够确定惊飞的重要成本和惠益。

伊登伯格和迪尔关注的是单个动物而不是某个物种所做出的高度动态化的决策。但不同物种之间也存在着差异，尤其是惊飞前距潜在捕食者的距离。例如，走近蜂鸟要比走近鹰容易得多。为什么呢？如何解释不同物种之间的差异呢？这就是贾尼丝和我到阿瑟顿台地去找寻不同种类鸟类的原因。我们收集了不同物种惊飞距离的大量数据，这些物种具有非常不同的生活史特征，包括体型大小、典型群体规模、首次繁殖年龄、大脑容量以及寿命长短。所有这些特征都可能影响物种在生存、生长和繁殖方面分配有限能量的方式。

通过对许多物种的研究，我们认识到，也许可以将动物个体和物种描述为拥有相对快或慢的生活史。它们是开始繁殖得早，后代数量多，寿命短？还是成熟得较慢，第一次繁殖的开始时间较晚，后代相对较少，寿命相对较长？动物分配能量的决策决定了这些生活史。冒险将能量分配于早期快速生长和繁殖的动物，其死亡的概率更高。相比之下，小心谨慎的动物会做出可能会减缓其生长但提高其安全性和存活率的决策。这些谨慎的个体会给每一个后代分配更多的能量，因而其后代的存活率高。

在自然界中，我们看到物种和个体都采用了这两种策略，因为这两种策略最终都是繁衍后代的有效方式。具体采取哪种策略取决于具体的环境风险和个体的未来前景。在资源贫乏的危险环境中长大的个体，寿命短暂，生活中危机四伏，它们年纪轻轻就开始繁殖后代，通过这样的生活，最终可能会过得更好。在这样的环境中，即使非常小心谨慎，它们也未必能活得长久。

我研究鸟类的目的是要弄清如何通过生活史特征来解释惊飞距离之间的差异，进而理解生活史又如何影响冒险行为。我还纳入了一些博物学特征（比如栖息地的开放性）来评估环境如何影响冒险行为。

有些栖息地，比如南极企鹅的栖息地，可见度很好，但有些则不然，比如绿鹃生活的茂密森林。

在第一个比较研究中，我创建了一个包含150种鸟类的数据集，每个物种有10个或10个以上的惊飞距离预估值。我发现，一个人走向动物的初始距离是预测动物逃避距离的最重要因素。如果我们从较远的地方向它们走去，鸟儿们会警觉起来，但不会立即逃跑。

根据这一发现，我提出了“及早飞不慌张”（flush early and avoid the rush, FEAR）的假说。我提出的假设是：如果动物不得不将有限的注意力用来监控我们靠近的距离，那它在某个时刻会为这种行为付出代价；如果及早离开，可以减少这些监控成本，从而有所获益。换句话说，如果动物在监视我们时，影响了进食、求偶或监视其他更重要的潜在捕食者，那么它们就在为监视我们付出代价。最终，那些及早逃离者将不会付出这些成本，它们可以更有效地分配其时间。虽然并不是所有的物种都会在发现情况后迅速逃离，但比较分析和元分析都支持“及早飞不慌张”这一假说。这意味着“及早飞不慌张”假说通常是影响逃避决策的重要因素。此外，生活史和博物学特征解释了不同物种惊飞距离的差异。

除了起始距离之外，解释惊飞距离差异的第二个最重要的变量是体型大小。通过对位于人烟稀少地区的大型鸟类、哺乳动物和蜥蜴的研究发现，这些物种会比体型较小的动物更早开始逃跑。然而，同样是这些体型庞大的物种，如果发现有温柔和善的人走近，它们似乎就会适应人。我们将容忍度定义为在人多处和人少处的惊飞距离之间的差异。因此，容忍度高的物种是指在有许多善良温和的人类的地方，可以让人更近距离靠近的物种。在针对人类的容忍度中最重要的因素是研究区域内人类活动的类型。我们比较了生活在城市和郊区、保护区内外，以及其他栖息地的鸟类。当动物能够彻底容忍人类时，城乡差异的影响最大；城市化似乎使物种变得更加宽容。有趣的是，解释容忍度的第二个重要变量是体型。能容忍人类的大型物种，其适应性最强。

另一个影响惊飞距离的因素是被捕猎风险。生活在有较多捕食者地区的鸟类，会在人还有很远的距离时就开始逃离。惊飞距离也随着社会性的提高而缩短。社会性更强的物种能容忍更近的距离，这可能是因为它们生活在较大的群体中。此外，身体状况在动物的逃避决策中也起着重要作用。身体有寄生虫的鸟类能够容忍其他物种靠得更近，可能是因为它们逃离的代价更高。而遭受捕猎的鸟类则会明智地在距捕食者还有很远的距离时就逃之夭夭。

大脑容量对鸟类的逃跑行为也有较大影响：大脑容量较大的鸟类能容忍更近距离的靠近。虽然体型较大的鸟类物种拥有较大容量的大脑，但我们从统计学角度对这一点进行了分析，认为大脑容量较大的鸟类可以容忍更近距离的靠近，是因为它们能够更好地估计和评估各种风险。一旦侦测到风险，动物必须将其原本就有限的注意力用于监测正在靠近的威胁。如果这种监测的成本太高，动物就应该逃离，减少监测的持续成本，这就是“及早飞不慌张”假说的基础。但大脑是负责评估风险和分配注意力的器官，而大脑容量较大的物种拥有多种认知能力，因此，它们可以在从事其他活动的同时监测风险。

地理位置或环境是一个重要的变量。许多研究表明，与高纬度地区相比，热带地区的捕食者数量和种类更多，因此，生活在热带地区的鸟类在幼年时遭捕食死亡的风险更大。这与其他纬度趋势相吻合，表明热带地区的物种比两极地区多得多。较大的被捕食风险决定了一整套生活史反应——与生活在温带地区的物种相比，热带鸟类通常生长得更快，寻求以较少的投入繁殖更多的后代，但死得却更早。

有一个有趣的发现，在高纬度地区，你可以更近距离地靠近雌鸟，而无法以同样的距离靠近雄鸟。各个纬度的雄性都保持着警惕性，而在高纬度地区的雌性则警惕性较低。这无法用雄性和雌性之间的体型差异来解释，也不能用它们之间的颜色差异来解释（许多雄性鸟的颜色比雌性鸟更加鲜艳）。那又如何解释这种地理和性别的特异性结果呢？

我们将其解读为高纬度地区雏鸟遭捕食风险有所降低的结果。第3章中介绍的扎内特和克林奇的研究结果对这一解读很有帮助。回想一下，鸟类听到捕食者的叫声会减少到巢中喂食的次数。如果这个观点具有普遍性，就可以对海拔高度上的风险变化做出具体的预测，因为海拔导致捕食者多样性变化的模式与纬度相同；高海拔和高纬度的捕食者较少。因此，我们也可以预期，以惊飞距离来衡量的恐惧也会随着海拔高度的变化而变化。

蜥蜴的逃避行为也受到类似因素的影响。影响逃避成本的因素（如食物的可获得性与社会互动）是解释蜥蜴逃避决策差异的最重要因素。捕食者密度也非常重要。我们知道，生活在捕食者较多的地方的蜥蜴和鸟类更为谨慎。从对鸟类恐惧的认识中可以看出，栖息地因素也会影响逃避决策，包括蜥蜴离庇护所有多远，以及它们是否有茂密的植被遮蔽等。远离庇护所的蜥蜴在较远距离的时候就开始逃避，而那些有茂密植被遮蔽的蜥蜴则仍会留在原地。最后，捕食者的行为也会影响逃避。快速靠近猎物的捕食者，会迫使猎物更快地逃离。

从这些研究中获得的认识能否有助于解决我最初的问题，即为什么不同物种对人类的容忍度存在差异？如前所述，从惊飞距离研究中可以看出，体型影响具有一定的普遍性。在与人类互动不多的地方，体型较大的物种更容易受到干扰。我和同事们建立了一个计算机模型，该模型假设这些干扰会减少物种用来进食的时间，然后观察预期的生存和繁殖情况。烦躁不安的动物在受到打扰或被激怒后，其适应性更有可能会降低。然而，这种适应性成本会驱使动物对容忍度做出选择！因此，能够与人类共同进化的体型较大的动物比体型较小的动物容忍度更高。

这一章的草稿是我在澳大利亚悉尼休学术假时写的。在澳大利亚，圣䴉已经变成了害鸟，在悉尼市区也被称为“垃圾桶鸡”。圣䴉站立时差不多有两英尺高，有弯弯的长喙。在有关圣䴉危害程度的案例中，我喜欢的一个例子是贾尼丝在悉尼市中心的环形码头观察到的。她坐着观察附近的一只圣䴉，它停在一个男人的身后，那人在公园的长椅上读着报纸，吃着三明治。圣䴉的喙慢慢地向前移动，绕过那个人的肩膀，迅速地拱起身子，从那个人手里夺走了三明治。这些大鸟，真是大麻烦。

但是，那些小一些的鸟又怎样呢？对人类容忍度更高的鸟类会不会更容易受到捕食者的伤害？我和我的同事迪奥戈·萨米亚（Diogo Samia）、本杰明·热弗鲁瓦（Benjamin Geffroy）、爱德华多·贝萨（Eduardo Bessa）试图回答这个问题。在许多情况下，捕食者会避开城市地区，这就造成了“人盾（human shield）”现象，对城市中的猎物形成了保护。

“人盾”已经被证明可以促使生态和行为效应的产生。它们可能会引发一连串的事件：捕食者会避开某些区域，而猎物更有可能频繁出现在这些区域。猎物在这些区域内警惕性降低，因为它们的捕食者少了。警惕性降低意味着猎物可以分配更多的时间来觅食，植被会遭受重创（我们将在第 9 章再次讨论这个观点）。但在其他情况下，“人盾”现象和与人接触的增加都可能出现。自然景观旅游就是一个明显的例子。最近的一份报告表明，每年有超过 80 亿人次参观陆地保护区。这就相当于地球上的每个人都探访过一个保护区，而且还远不止此。我们知道这种探访会带来有害的后果：交通和污染增加，植被被踩踏，车辆与野生动物相撞，等等。死亡率的些许增加都可以使看似稳定的种群数量出现下降甚至走向灭绝。如果以保护生态和自然为目的的生态游、自然游实际上正在破坏着自然，这岂不是太具讽刺意味了。

我一直是生态旅游的坚定支持者。早在巴基斯坦研究旱獭的时候，我就写了一本《红其拉甫国家公园生态游指南》(*An Ecotourist's Guide to Khunjerab National Park*)，这个美丽绝伦的高山国家公园是我研究所的所在地。我写这本指南是想帮助游客了解公园，保护好公园的自然资源。管理良好的生态旅游是要把游客对生态的影响降到最低，同时将其积极作用发挥到最大。这积极作用不仅包括文化保护，还包括为那些保护自然者提供资源和收入。由于生态旅游者应该希望减少一切负面影响，所以明确这些负面影响就至关重要。

就像我和我的同事们说的那样，如果太多的自然游游客使野生动物更容易受到捕食者的伤害，那么反对生态旅游的声音就会更高。我们假设，游客创造了一种人盾来保护动物，使它们变得更温顺，对人类出现做出的反应更少。因此，野生动物在盗猎者和非法狩猎者面前会变得越发脆弱，“人盾效应”得到进一步证实。但在有些情况下，“人盾效应”是否也会让猎物在自然捕食者面前更加脆弱呢?

乍一看，这个想法似乎不太可能。我们知道，许多猎物都会用复杂的背景线索——栖息地、天气或位置——来评估遭捕食的风险，并调整自己的行为，减少与捕食者的接触。在某些情况下，当迁徙到没有捕食者的区域时，猎物最初会保留识别“昔日幽灵”的能力，但如果确实不存在捕食者，这些能力可能会迅速丧失（如第2章所述）。此外，我们知道，许多猎物物种都具有区分不同捕食者物种的能力，并根据该类型捕食者带来的风险程度做出反应。因此，猎物由于习惯了人类而无法识别出其他捕食者的可能性不大。

但是，那些在人类周围变得过于大胆的动物，在其捕食者周围也可能变得大胆，这一观点从一些实证数据得到了证明。我们期望演化选择能将类似的特征组合在一起。例如，温顺的动物个体可能本来对同类和捕食者的反应就较弱。因此，如果在人类周围生活，会普遍变得更加温顺，目前已有某些动物（比如青长尾猴）的相关报告。如此说来，我们也许正在培育不太有能力对付自身天敌的动物。

那么我们从经济学逻辑中学到了什么呢？对行为的成本和惠益进行量化有助于我们思考行为是否具有适应性。我们已经看到，动物个体在决定逃离时与正在逼近的威胁之间的距离会受到各种因素的影响，我们还发现惊飞距离的各种模式因物种而异。惊飞距离对成本非常敏感，我们已经了解到逃避成本对动物逃避时的距离有极大影响。如果离开一片好的觅食区域、一根喜欢的栖木或一段有希望的社会交往是有代价的，那么就可以更近距离接近动物；它们就能够容忍更大的风险。

因为恐惧是经济决策的连带结果，惠益也会影响我们所能承受的风险。比如说，我和我儿子都喜欢看大型的冲浪比赛。但我们都不想在 60 英尺高的巨浪上冲浪。当这些巨浪相撞时，所产生的大地震颤可以达到里氏震级。选择这种巨浪进行冲浪的超级运动员都要进行在水下屏住呼吸搬运巨石和重物的训练，他们必须要去应对可能被困水下并在海底被拖拽超过一分钟的风险。正是因为这种风险，获胜的冲浪者会获得丰厚的奖金。2017 年，加州的“小牛大浪挑战赛”（Mavericks Challenge Big Wave Competition）的大奖是 12 万美元。在塔希提岛（Tahiti）的提阿胡普（Teahupoo），非常大的海浪（但还不是真正的巨浪）击打在浅海珊瑚礁上，能在这种环境中幸存下来的人可以赢得 50 多万美元。除了基本的物质奖励，还有其他好处。获胜者和其他一些乘风破浪英姿勃发的人装点着世界上各种冲浪杂志的封面，并获得收益丰厚的赞助和广告合同。因此，在这种情况下，成功直面恐惧的好处是显而易见的，那就是巨额的经济回报。如果经济回报少一些，人们会停止冲浪吗？可能不会。毕竟，驾驭巨浪是一种荣耀，更直接来讲，也是对极度兴奋的痴迷。

关于接受风险的其他决策说明了我们在做决策时所采用的经济学算法。我问我的学生，如果我付给他们100美元，他们是否愿意去世界上最危险的地方，比如某个战乱地区。没有人接受。然而，当我提高下注时，他们开始有些蠢蠢欲动了。1 000美元？ 10 000美元？ 100 000美元？ 1 000 000美元？ 10 000 000美元？有10 000 000美元，他们就能负担得起保镖、防弹衣等各种保护措施的费用了。我的学生既考虑了成功面对恐惧的好处，也考虑了不面对恐惧的机会成本。我们都有自己的投注赔率。

通过了解恐惧的经济学原理，我们可以深入了解动物和人类在日常生活中所做出的权衡取舍。有了这样的认识，我们就可以寻求成功驾驭它们的策略。但这些认识也帮助我们理解了人类社会中某些颇具威胁的环境条件所具有的影响。

对人类而言，生活史理论的逻辑在公共健康方面具有深远的意义。如果生命本身充满了不确定性，资源是稀缺的，那么在演化过程中，尽早生育、频繁生育、在每个孩子身上投入更少的资源，就是有意义的。但这意味着孩子们自身也面临着巨大的风险。然而，那些生活在贫困中的人们如果推迟生育太久，还没来得及生育就死亡了，那就不会留有后代。如果胎儿或婴儿遭受应激（因环境恶劣而患疾病）或是营养不良，那么这将影响他们的一生。研究表明，因贫困而导致的老年性疾病（包括糖尿病和心脏病），都会影响寿命。充足的资源和稳定的环境为个体及其后代实现最大程度的健康奠定了基础。因此，我们的祖先都是做出正确决策将生育适应性最大化的人，无论他们是否有意为之。

然而，我们最终还是要把控我们所面临的风险和惠益，而这种把控是建立在我们对风险和回报的认知基础之上的。我们常常会搞错。对我们的认知进行评估是一项重要工作：它有助于我们评估威胁，也有助于我们克服非理性的恐惧。那些打算通过关注非法移民的犯罪率来制造恐慌的美国政客，往往会选择性地忽视美国公民更高的犯罪率。然而，一旦人们建立了这种联想，就需要花大力气重新让评估与真实情况吻合。

一些被错误夸大的真实但相关性不强的信息也会影响公众对风险的认知。保护生物学家们最初注意到，经由水族馆贸易意外引入加勒比地区的蓑鲉不仅极富侵略性和破坏性，而且有毒。这无意中给一项蓑鲉铲除计划带来了麻烦，因为这项新颖而富有创意的计划是鼓励人们吃掉蓑鲉！其实只要戴上手套小心地处理一下，就不会有中毒的风险。即便如此，潜在消费者对捕猎或食用这种真正美味的鱼也是格外谨慎。要克服这种人为的恐惧，还需要付出很多努力。

就像我们在本章讨论过的鸟类一样，无论我们是否意识到，我们都在使用经济学逻辑来评估我们面对的风险。为此，我们要感谢我们的祖先。正是因为有了他们的经验，我们才能够在许多情况下做出正确的决定，才能在降低成本的同时将我们的收益最大化。也正是由于他们的经验，我们才更加谨慎小心。当未曾经历过的风险来临时，一次特殊的挑战就出现了。想想身份被盗这件事吧——这是一种真正全新的风险，会对我们的安全和福祉产生深远的影响。我们还没有找到一种精准的工具，来甄别出那些让我们因害怕而泄露个人信息的电子邮件或电话。第 9 章将会讲到，对新的威胁需要做出新的反应，而这可能需要我们做大量的工作。但对于那些对威胁感到焦虑或恐惧的人来说，只要付出适当的代价，这些恐惧就是可以被克服的。这一点很好，因为我们生活的世界本来就充满风险。

第 7 章

一朝被蛇咬　十年怕井绳

我儿子戴维（David）10 岁那年，加入了在威尼斯海滩（Venice Beach）等待冲浪的人群中。大部分海浪的浪高都在 6 英尺以下，浪面大约是他身高的两倍。戴维挨着我，坐在我的冲浪板上，可以看到百十来个人分散在海滩上，抢占海浪开始消退的位置。运气好的话，我们可以在海浪崩溃点前方冲浪大约 15 秒钟，然后从冲浪板上跳下来，或者回到海里去赶另一道海浪。戴维调整好自己的位置，划进了一个适宜的大浪中。在掉下浪面很长时间后，他在崩溃点前冲过海浪，然后转向浪头，跃过浪头，划回来。这成了他冲浪中最美好的一天。

接着，一股更强的大浪翻滚着冲向海滩。冲浪者开始奋力划水，以摆脱大浪，避免被大浪拍打，或是不得不陷在湍流中挣扎。我以最快的速度划了出去，闯过了几个 8 英尺高的大浪。戴维和其他许多人就没有这么幸运了。令我震惊的是，他没有闯过第一波海浪，消失在白浪翻滚的大浪区。当我在下一个大浪中浮起来时，我在前浪汹涌的浪花中看到了戴维。连接他脚踝和冲浪板的脚绳断了。他丢了冲浪板，也失去了快速划水脱离危险的能力。

我在下一个浪头上浮了起来，看到戴维还待在原地，于是越发感到恐惧。每一个浪头都在把他推向海底，他屏着呼吸，像一个破布娃娃一样在水下翻滚。我无法在保证自己安全的情况下去帮他脱离险境。全是泡沫的湍流中充满了空气，这使得游泳甚至连踩水都很困难。戴维和我都知道生存的秘诀就是在下一波巨浪到来之前尽快离开这片区域。但是戴维却一动不动。

片刻时光仿佛是漫长的几个小时，戴维总算开始向后划水，离开了大浪区。但后来我又看不到他的踪影了，下一个浪头过后，我什么也没看到。这组海浪结束时，从海滩到海浪崩溃破裂的地方，大海被厚厚的白色泡沫所覆盖。冲浪者们沿着泡沫内侧分散开来，开始慢慢地划回他们可以抓到海浪的地方。

我终于在海滩上看到了戴维，他静静地坐着，双腿紧紧地贴在身上。另一个冲浪者划向戴维，把他拉到冲浪板上，带回海滩。他还好，但受到了惊吓。他说："我差点被淹死。"

即使是多年之后，我仍不知道戴维是否已经从这场惊吓中恢复过来。以前他只体验过冲浪的乐趣，直到那一天，他才真正意识到大海的无穷威力。尽管他是名游泳高手，多年来一直是非常有竞争力的跳板和高台跳水运动员，有能力直面自己的恐惧，但竭力游出充满空气的白花浪的那种恐惧一直伴随着他。6 年后，他仍然拒绝在重要日子里去威尼斯海滩划水出海，这也许是明智的吧。

我们如何以及为何要学会害怕具有威胁性的事物，"一朝被蛇咬，十年怕井绳"是一种恰当的思维方式。一次可怕的经历会深深地影响我们对安全与幸福的认知，戴维的经历恰如其分地表明了这一点，而从整个动物王国中动物学习该怕什么、不该怕什么这些行为中，我们也都能看到相关证据。人类的恐惧可以表现为各种形式，从轻微的焦虑到创伤后应激障碍相关的种种症状均属此类。如果我们想了解个体是如何学会恐惧的，我们就必须认识到经历和环境会影响风险评估。我们不断地用更多的信息来更新我们对风险所做的评估。

基于经验改变行为是一个适应性的过程，存活下来的动物可以借此繁衍更多的后代，这意味着它通常是与特定场所或环境相关，并取决于权衡的结果。我们可以根据自身的经历或他人的经历来学习，而社会学习可以成为一个放大器，能让提升生活本来的经验迅速而广泛地传播。学习是一种必不可少的适应，为许多物种所共有。通过思考经历何以改变动物或人类的行为，可以获得许多的真知灼见。了解学习如何影响行为，对于规划管理人类与野生动物越来越多的互动也越来越重要。

本章将讨论一些与学习有关的问题。我希望为大家提供工具和见解，帮助大家更好地理解我们为什么学习了那些我们学会的东西。在很多情况下，我们学会了恐惧，这意味着我们也应该能够忘却恐惧。

广义的学习是指经历在一段时间内改变个体行为的一个过程。值得注意的是，这些行为变化不应该仅仅归因于时间或发展过程。例如，如果一只年龄稍大一点的动物因为年龄大一些、身体更壮一些、腿更长一些而能以较快的速度躲避捕食者，我们不会说这是因为它已经学会害怕捕食者了。同样，如果说怕水是所有人自然成长过程的一部分，那我们也不会把戴维躲避去威尼斯海滩冲浪归因于他学会了怕水。然而，如果当捕食者出现在面前时，个体比之前逃跑得更快，或是如果只有那些差点被淹死的孩子现在才会避开大浪，那我们才会说，学习真的发生了。

只有经历过一次或多次可怕的事情才能学会恐惧。它可能是一个快速的过程，也可能发生在一个时间段内。例如，就像第 3 章中所讨论的，许多鱼类在第一次遇到特定的化学线索与捕食者时，就能学会将二者联系在一起。想一想这件事的作用我们就能明白，这种只需尝试一次的快速学习是很有意义的。戴维对溺水的反应在他的大脑中植入了一种对威尼斯海滩巨大强浪的恐惧。从演化的角度来看，这是很有意义的：恐惧的刺激应该会引发快速学习。一般而言，相较于那些要花更长的时间才能学会逃离潜在致命经历的个体，学会对适当的事物感到害怕的个体会繁衍更多的后代。自然演化选择了那些在面临极限挑战时能做出最大努力的生物。在自然演化过程中出现了一个令人惊讶的趋势：一些动物似乎是以贝叶斯方式来学习的。

托马斯·贝叶斯（Thomas Bayes）是18世纪的牧师、哲学家和统计学家，他提出了一种基于积累证据的决策逻辑，那就是学习。与传统统计逻辑不同，贝叶斯逻辑假设我们对事件的可能性具备一些先验知识，并根据经验更新我们的预判。例如，按传统的统计方法，外出时被闪电击中的概率是50%，这基本上意味着被闪电击中的概率是随机的。而根据贝叶斯逻辑假设，在阳光明媚的日子里，被闪电击中的概率远低于50%，但如果雷暴期间你恰好在高尔夫球场或山巅之上，那被闪电击中的概率就大得多。额外的信息（比如你和每一连串雷击之间的距离）可以改进预判准确率。贝叶斯逻辑是从以往的经验中学习。严格地说，一个人从所谓的先验概率分布开始，并根据积累的证据更新“先验”。正如贝叶斯所断言，这种新的后验概率分布是对事件发生的最佳推测——无论是雷击，还是老鹰或恐怖分子的袭击。

基于新的证据不断更新风险评估的做法应该是普遍存在的。一些动物的表现仿佛就是在使用贝叶斯逻辑。基于上述原因，我们推断自然演化已经筛选出合理的先验。从动物对捕食风险的预判来看，这一点尤为正确。

例如，有些动物没有同蛇共处过，有些动物则有过与蛇共处的经历。相比之下，后者往往会对突然遇到的又长又细的物体做出令人震惊的反应。或者，它们会避开植被茂密的栖息场所，因为视线受阻会增大遭捕食的风险。人类有意或无意地改变着动物的栖息地，或以改变其景观的方式改变着动物种群，这种情况的发生频率越来越高。当动物发现自己处于新的环境中时，我们通常会看到基于现时存在缺陷的贝叶斯先验的次优结果。举例来说，设想一下最近迁徙到无蛇环境中的动物。如果周围没有蛇，看到一根略微弯曲看起来像蛇的棍子就做出后跳反应其实是一种不必要的耗时反应。或者，设想一下不在灌木丛附近觅食通常情况下有什么好处，因为这些灌木丛中可能藏有像蛇那样守株待兔型的捕食者。如果不再有蛇出现，毫无必要地避开灌木丛就会丧失获得宝贵食物的机会。我们推测，平均而言，做出次优觅食决定的动物繁衍的后代会较少。更笼统地说，我们判断，如果不再需要代价高昂的反应，自然演化将会选择各种方法来消除这些反应。

一个物种学习事物的速度和条件本身也受制于自然选择，是演化的结果。尤金袋鼠只需要接触穿着女巫服的格里芬 4 次，就学会了将狐狸与一种令人不悦的经历联系起来。它们也许不需要这么多次接触，但我们想确保它们有足够的机会学习，因此我们在 4 次接触后才对它们进行了测试。记住，尤金袋鼠不经训练就对狐狸有一定的惧怕反应能力；尤金袋鼠对某些事物已存有一定程度的恐惧感，但是它们天生就是来学习强化本来已有的恐惧反应的。相比之下，它们对我们的标本山羊并没有在意，山羊没有引起惧怕反应，即使格里芬和山羊搭档了 4 次，也没能教会尤金袋鼠去害怕山羊。

学习既可以是快速的，也可以是地点依赖或情境依赖的。电影《玫瑰香水》（*Rosewater*）讲述了遭关押的记者马日亚尔·巴哈里（Mažiar Bahari）的真实故事。在被拘禁的几个月里，他被蒙住双眼遭受残酷的审讯，只能通过浓烈的玫瑰香水味识别出审讯他的人。遭受过像他这样经历的人往往会有创伤性闪回现象，这些闪回现象是由一些看似无害的事情引发的，比如玫瑰香水的味道，或者在创伤事件中出现的其他特定的环境特征。

对于遭遇到不同种类捕食者的个体来说，学习是一个必不可少的过程。学习会让个体对凸显刺激（如攻击中的老鹰）做出适当的反应；而对非威胁性刺激（如飘落中的树叶）不做出反应。但是，如果动物和人类学会害怕了不该害怕的事物，就会变得惊慌失措。有些物种只会遇到可预测的风险，对它们而言，学习的代价可能非常高昂。就尤金袋鼠来说，学会害怕一只非捕食性的山羊而不是一只捕食性的狐狸，或者说，除了学会害怕一只捕食性的狐狸，还要学会害怕一只非捕食性的山羊，会浪费很多时间和精力。

在风险和线索都可预测，也没有足够时间学习的情况下，我们只能指望与生俱来的捕食者识别能力能发挥作用。卡伦·沃肯廷（Karen Warkentin）在红眼树蛙促孵研究中就有过一个有趣的例子。树蛙在树枝上大量产卵，在孵化之前，这些卵极易被蛇捕食。真正出乎意料的是，如果有蛇接近卵块，那些快要发育成熟的卵就能迅速孵化（通常在几秒钟之内，平均不到一分钟），而过早孵化的蝌蚪会像雨滴般从卵块中纷纷落下。沃肯廷完美展示了胚胎对特定振动的反应，这种振动通常是由蜿蜒滑行的蛇靠近卵子时产生的。由于没有机会从这种致命攻击中学习，胚胎对这些振动刺激有着与生俱来的反应。

但许多物种可依靠先天具备的一些捕食者识别能力，对可怕的景象、声音和气味进行识别，并通过经验进行进一步磨炼。有些时候，这些识别模板也可以用于识别陌生物种。我们推测，坎加鲁岛上的尤金袋鼠能够对欧洲赤狐做出反应就是这个原因。欧洲赤狐是它们在一生中完全没有接触过的物种，也没有与其一道演化过。

当代关于学习的一些最佳的行为生态学研究是在鱼类身上进行的。我的朋友和同事莫德·费拉里（Maud Ferrari）与道格·奇弗斯（Doug Chivers）做过很多这样的实验。费拉里和奇弗斯是一对充满活力的夫妻搭档，初看起来他们两人性格完全不同。费拉里总能快速“发射”出无数个无比新奇、异常清晰的想法，而奇弗斯则不声不响、有条不紊地提供逻辑缜密、令人赞叹的数据集。我一直期待着在科学会议上与他们攀谈，他们对水生体系中恐惧的本质进行了广泛而深入的研究，我能学到很多东西。

基本的鱼类学习实验包括把一条捕食性的鱼放入一个水箱中，直至其相关的化学物质在水中聚集。然后将这个水箱中的水通过管道输送到一个装有猎物的水箱中。将猎物的一小部分（通常是皮肤，有时也会是整只动物）研碎，与水混合，过滤掉细小的颗粒，留下这种汁液，然后把这种汁液输送到猎物所在的水箱中。轰！一旦这种代表死去猎物的皮肤水在水箱扩散开来，猎物就会知道捕食者的气味预示着危险。当它们看到捕食者时，就会做出恐惧的反应。

奇弗斯、费拉里和他们的同事们在澳大利亚大堡礁（Great Barrier Reef）的一个岛屿上研究雀鲷幼体。他们希望了解风险本底水平是如何影响对不具威胁性的事物的学习能力的。他们认为，针对不具威胁性的事物的学习与针对具有威胁性的事物的学习两者同样重要，但人们很少对此进行研究。如果学习是贝叶斯式的，那么我们会认为既有安全方面的线索，也有风险方面的线索，但大多数研究都聚焦于风险线索的研究。如果你已经身处危险环境之中，那么同样的风险提示应该意味着不同的生存概率。毕竟，就像之前讨论过的，你是在高山山巅之上还是身处家中，应该会影响你对雷电的恐惧程度。

为了研究风险本底水平的影响，奇弗斯和费拉里预先将生活在无风险环境中的雀鲷幼体和生活在具有一定捕食风险环境（通过连续几天暴露在捕食者气味中进行模拟）中的雀鲷幼体暴露在一种新的、不具威胁性的气味中。对生活在没有被捕食风险环境中的鱼来说，这种新的气味很快就失去了凸显性。但是，一直在某种捕食风险环境中生活的鱼则从未意识到这种新气味不具威胁性；它们甚至对潜在的良性刺激也保持着警觉，这是因为它们生活在高风险环境中。因此，风险的本底水平会对动物如何学会要害怕什么产生影响，反过来，也会对明白什么才是安全的产生影响。处于危险环境中的生物通常都有很好的适应性，如果有什么不同要补充的话，那就是如果没有更多的经验证明新的刺激是良性刺激，它们往往会高估新刺激的风险程度。我们将在第 10 章中进一步了解这些带有偏见的评估背后的逻辑。

在学习捕食者所造成的特定风险水平方面，鱼类可谓是能力超群。例如，汁液的皮肤浓度应该表明捕食者所构成的风险程度。聪明的鱼类应该能推断出，当水中皮肤汁液浓度较高时，风险程度会更大。已有证据表明它们做到了这一点。费拉里和奇弗斯训练呆鲦鱼，让它们知道褐鳟代表着或高或低的风险。它们通过改变皮肤汁液的浓度来调控风险水平，理由是汁液浓度的增加会与捕食者更靠近或与捕食者数量更多相关联。在高风险的情况下，小鲦鱼做出了害怕的反应，它们在鱼缸里四处乱窜，为应对褐鳟而东躲西藏，并且一旦躲好后就减少了活动。有时，这种鱼还会在鱼缸里寻找其他的鱼来组群。除了对褐鳟做出直接反应，鲦鱼还将这种恐惧反应推而广之到褐鳟的近亲——虹鳟身上。神奇的是，它们只是在高风险条件下才这么做，推测是因为它们对特定的风险线索非常敏感——即使这些线索并非来自同物种成员的完美线索。很明显，无论是在高风险还是低风险条件下，它们都没有将这种恐惧反应推而广之到褐鳟的远亲——黄金鲈身上。由于物种在演化过程中逐渐分化，它们的气味相似度逐渐降低，这就限制了一个物种利用其他物种作为捕食风险线索的能力。

我们发现学习可以在类似种类的捕食者之间迁移。这是因为捕食者通常有相似的气味，特别是当它们捕食的猎物也相似时。以类似方式捕猎的捕食者在外观上也会趋同，这称为原祖型。原祖型可以体现在视觉方面、听觉方面或者是嗅觉方面。在视觉方面，现在已经灭绝的袋狼，与狼或狗没有任何亲缘关系，但是却与狼或狗很像，都有着长嘴、长腿以及和狼一样的体型，因为它们捕食猎物的方式很相似。袋狼和狼一样，要追赶它们的食物（这需要长腿），然后用嘴固定食物（这需要长且露齿的吻部）。在声音方面，近缘捕食者，如郊狼和狼，有着共同的祖先，叫声也很相似。猎物可以识别出不止一个物种，甚至可能对新的捕食者做出反应，原祖型假说所展现的就是这样一种方式。

与同物种其他成员间的社会学习是强大的恐惧放大器。作为博士论文研究的一部分，格里芬提出，尤金袋鼠是否会通过向别的袋鼠学习而更害怕狐狸。在训练一只“示范”沙袋鼠惧怕狐狸（通过前面所讲的狐狸标本、捕网和女巫的帽子）后，她将这只示范沙袋鼠与天真无邪的尤金袋鼠配对，这只尤金袋鼠以前从没有接触过狐狸。狐狸一出现，示范沙袋鼠就惊恐地跳开了。仅仅经历了几次这样的场面之后，以前天真无邪的尤金袋鼠也对狐狸做出了恐惧的反应。

但并非所有社会性传播的恐惧都具有适应性。人类有时会经历歇斯底里性的情绪传染，当人们相互说服对方某件事是恐惧的根源，或者他们模仿别人的行为时，就会发生这种情况。这方面的一个著名案例发生在1692年马萨诸塞州（Massachusetts）的塞勒姆（Salem）。人们认为，那些开始出现怪异行为、被说成是女巫的青春少女，和可怕的塞勒姆人本身都是一种大众传播的瘟病。并非所有这种歇斯底里性的情绪传染都与恐惧有关。发生在1962年的坦噶尼喀大笑疫情（Tanganyika laughter epidemic）就没那么让人惊恐。学童们会毫无节制地大笑。虽然孩子们并不是一直都笑个不停，但这种现象在学校里蔓延着，大约过了一年的时间才逐渐消失。

近几十年来，人类已经开始通过技术手段传播恐惧。2014年，电视和互联网上的埃博拉疫情（Ebola epidemic）报道引发了社会性传播的歇斯底里。我们现在 24 小时的新闻循环播报只是有利于维持观众的注意力而不是提供理性的分析，这种方式会把恐惧成倍放大。例如，来自加利福尼亚的众议员邓肯·亨特（Duncan Hunter）（共和党）在《肖恩·汉尼提秀》（*Sean Hannity Show*）中暗示，感染了埃博拉病毒的恐怖分子正试图通过力量薄弱的南部边境进入美国，使民众感染埃博拉病毒。这个完全没有根据的谣言立即遭到美国政府官员的驳斥。然而，毫无根据的谣言一旦制造出来，就会在互联网上永久存在，所有人都可以反复浏览阅读，可以自己去解读，以达到自己的目的。

社会性传播除了有可能成为可怕谣言的威力倍增器外，还会导致人们对真假威胁的失敏。再回顾一下 2014 年埃博拉病毒暴发时美国人的反应，社会传播的恐惧夸大了在医院隔离病房中治疗的病例会导致病毒大暴发的可能性。或者想一下，美国政府在 2003 年伊拉克战争（Iraq War）之前就断定伊拉克拥有大规模杀伤性武器。仅仅通过重复不正确的断言，人们就开始相信伊拉克有能力毁灭这个星球。

事实上，有证据表明，重复错误的信息可以改变人们对真相的看法，即使人们有足够的知识可以判断信息是不正确的，但慢慢也会改变，这种现象被称为虚幻的真相。我们将在第 10 章和第 12 章进行讨论，人们特别容易受到病毒、生物武器或化学武器造成的血腥死亡之类的信息影响，这是有原因的。但我们应该认识到，人们特别容易被那些会引发恐惧心理的信息所影响，无论这些信息是否可信。

然而，如果我们对风险的评估来自贝叶斯逻辑推理过程，那我们的恐惧就应该能够消除。至少在 2 500 年前，我们就已经知道有一种方法可以消除恐惧。

从前有一个牧羊少年，他坐在山坡上看着村里的羊群，觉得很无聊。为了自娱自乐，他深深地吸了一口气，高声喊道："狼！狼！狼在追赶羊！”

公元前5世纪的寓言家伊索早就对习惯化过程进行过描述，尽管他没有使用这个名词。习惯化导致对刺激的反应能力下降，也会导致其二重性——敏化的产生。正如这则寓言所教导的那样，一旦村民们意识到牧羊少年所呼喊的狼是毫无影踪的，他很快就失去了村民的关注。他们知道他在捕食者这件事上不诚实。因此，当狼真的出现时，没有人再相信他的呼救，也不会再有人来保护他。

20世纪对习惯化机制的深入研究得出了很多证据确凿的概括性结论，但我们还没有建立起有关习惯化的自然史。自然史有助于我们预测野生动物对人类和人为刺激的反应。我们越来越强烈地感受到，我们需要一个预测模型。因为不断增长的人口正在城市化进程之中，并且在越来越多地寻求与野生动物的接触。

伴随着城市化进程和自然旅游业的发展，世界各地的动物正开始越来越多地暴露在人类面前。1950年，只有约64%的美国人生活在城市地区，而2018年，这一数字达到了82%。2018年，估计有55%的人类生活在城市地区，而根据联合国的数据，到2050年，全球将有68%的人口生活在城市地区。这种快速的城市化对那些在人烟稀少的生态系统中演化的动植物产生了严重影响。保护生物多样性的一个策略是留出保护地，如公园、保护区和野生环境保护地，减少人类对这些地区的影响。然而，这些受保护地区每年估计要接待80亿人次的游客；这个数字超过了地球上的人口总量，甚至还远不止此。如果希望保护维持生命系统的生物多样性，我们就必须从根本上了解动物对人类的反应。我们在第6章已经讨论过，动物最初看到正在靠近的人类，就像遇到捕食者一样，它们会逃跑，因此就无法再将时间和精力集中用在觅食、休息或搜寻捕食者等重要活动中。

习惯化需要在不受威胁的情况下反复暴露于过去令人恐惧的刺激

之下。要研究习惯化的过程，必须观察个体在一定时间段内所做出的反应。例如，如果一只动物习惯于反复接触人类，它就能容忍更近的接近距离。因此，如果我们发现城区种群的惊飞距离比农村种群短得多，那么我们就可以推断城区种群比农村种群对人类的容忍度更高。习惯化也许可以解释城市地区这种容忍度提高的现象，但其他的过程也可以解释这种弹性。例如，城区的种群可能完全由能容忍人类的动物组成。或者，动物可能会根据它们的耐受程度进行分类：那些对城区具有一定耐受度的个体会出现在城市地区，而那些害怕人类的个体则会避开城市地区。最后，自然演化也有可能创造出对城市具备一定容忍度的动物。然而，如果我们希望了解习惯化是否正在发生，就必须跟踪个体，记录它们在一段时间内对不断增加的接触所做出的反应。

相较于农村地区的同类物种，许多城市中的鸟类、哺乳动物和蜥蜴种群允许人类更近距离地接近它们。我们认为，这反映了反复的、良性的接触会产生一定程度的习惯化。但是，这种容忍度虽然普遍，但并非处处可见。有时动物会做出相反的反应。建立习惯化的自然史将有助于我们更好地了解动物何时可能会对人类的出现更敏感。

如果敏化能帮助动物避免潜在的风险或付出高昂代价，那么敏化可能就具有适应性。值得注意的是，大象在听到蜜蜂嗡嗡地在周围飞来飞去时，会非常不安。它们的反应很有道理：大象也许要避免自己敏感的鼻子被蜇伤。对蜜蜂过敏的人可能会有类似的反应。不管有关埃博拉病毒的耸人听闻的说法是真是假，对此我们都可能非常敏感，因为我们不想染上这些可怕的疾病。

但我们不应该总是去假设敏化具有适应性。例如，在人类和药物成瘾实验模型中的动物身上，药物成瘾涉及致敏反应。吸食可卡因或甲基苯丙胺等毒品会让人上瘾。更糟糕的是，对成瘾者而言，与致敏相关的潜在神经回路和神经化学物质与寻求毒品行为相关的潜在神经回路有许多共同的成分。这表明敏化的过程在这种情况下可能不具有适应性，而可能是让人瘾性大发。

我利用这些关于人类访客的见解和我们在第 6 章中描述的研究惊飞距离的方法对南加州的鸟类进行了研究。我研究的栖息地的人类访客数量各有不同。在研究过程中，我注意到在所研究的 14 种加州沿海灌木丛鸟类中，只有 4 种鸟类的惊飞距离与访客数量有明显关系。然而，有些出乎意料的是，当接触到更多的人时，这 4 个物种在相距更远的距离时就会逃离我们。其他 10 个物种在惊飞距离方面不存在明显差异，这与人类访问量的可量化差异有关。怎样才能解释这种明显对人类敏化的模式呢?

值得注意的是，这一发现与我对南加州湿地鸟类的研究形成了鲜明的对比。加州沿海湿地大多已被填埋，变成了住宅和商业用地。剩下为数不多的几片湿地已成为离开寒冷的北极前往更温暖、阳光更充足地方的候鸟的休息站与生活在北方寒冷地带人们的避寒地。在这些湿地上，当我们研究的所有物种经常接触更多的人类时，它们都更能容忍人类的接近，这一发现与习惯化是一致的。

我认为，也许生活在空间有限的栖息地（如南加州残留的小片湿地）上的物种，与那些生活在空间毗连栖息地（如沿海的灌木丛林）上的物种相比，更容易习惯化，因为那些生活在残留的小片栖息地上的物种可能已经经历了某种过滤过程，淘汰了那些容忍度不够高的物种或个体。这个筛选过程导致那些根本无法忍受人类的物种在当地灭绝。因此，这些湿地上仅存的物种就是那些在某种程度上能够容忍人类的物种。我把这种观点称为“毗连栖息地假说”（contiguous habitat hypothesis）。我的假说需要通过在其他栖息地，如那些有更多物种和不同类型干扰的栖息地中进行验证。我们仍然不清楚究竟是人类的哪些方面干扰了动物。是与行人、遛狗者或车辆相遇的次数吗？如果答案是肯定的，这是一个简单的剂量－反应关系，人越多，干扰就越大；或是存在一个阈值，一旦超过这个值，就会造成相当巨大的影响？它们是受到与我们相关的气味、声音或灯光的干扰吗？我们知道所有这些刺激都会对动物产生负面影响，但如何精准知道这些刺激对野生动物的影响，还需要对动物有更深入的理解。

所以我们明白，了解了一个物种在过去和现在与捕食者接触的不同方式，我们就可以预测这个物种学习应对恐惧事情的演化程度。同时我们猜测，如果一个物种除了留在栖息地而别无选择的话可能会培养自身的适应能力，而可以选择离开栖息地的物种则可能会培养对经常性干扰的敏感性。正如第 6 章所讨论的，大型物种更有可能受到人类的干扰，但能够与人类共存的大型物种也更有可能更能容忍人类反复的良性接触。体型是一个与其他生活史特征相关的重要特征。动物演化的法则能让它们对潜在威胁做出适应性反应，这些法则就是自然演化的结果。当前威胁和历史威胁之间的匹配程度有助于我们了解物种如何能（或不能）习惯于特定类型的干扰，又是在什么时候习惯的。真正新产生的干扰可能要比那些与其他已知威胁有共同特征的干扰更加难以适应。这些归纳标志着开始有了一种更有预见性的理解，这种理解可以解释动物，也许还有人类，在什么条件下能学会恐惧或能学会忘记可怕的刺激。

我们的柯基犬西奥（Theo）喜欢对着经过我们家旁边停车场的人吠叫。虽然柯基犬矮墩墩的，但并不是真的那么小，它的吠声令人印象深刻，而且非常响亮。西奥曾在科罗拉多州待过一段时间，那里七八月份的时候，下午经常会有雷阵雨，但在我们居住的洛杉矶西部地区则几乎从未有过雷鸣和闪电。一天，西奥在我们院子里的茶桌边上对着人们吠叫时，一场雷雨几乎毫无预兆地袭击了我们的社区。第一声雷鸣一响，西奥就跑进了房子里，害怕地叫着，紧紧地跟在贾尼丝身旁。雷鸣是一种频率很低的声音，当然，声音也很大。我猜测西奥可能以为外面有一只庞然大物，于是就表现出了对这只动物的恐惧。这是一种明智的选择。最后我们用围巾把它的身体裹了起来，好让它平静下来。自从这件事发生以后，每次我们看电影时，只要里面突然出现低频的轰鸣声，它就会惊恐万状，异常警觉。

事实上，只要有一件事引发了恐惧就会在很长时间内影响人们的安全感，对西奥似乎也是如此，这种影响在创伤后应激障碍中表现得最为明显。暴露疗法可通过降低对以前恐惧诱发刺激因素的敏感程度来缓解创伤后应激障碍症状，但也可能有治疗的药物。

要了解暴露疗法的工作原理，开发治疗创伤后应激障碍的药物，我们需要一个模型系统。大部分创伤后应激障碍研究都利用了在大鼠身上开展的条件性恐惧（fear-conditioning）研究。当电击与特定刺激配对后，大鼠很快就学会要避免这种刺激。但创伤后应激障碍的另一个特点是非特异性焦虑。我加州大学洛杉矶分校的同事迈克尔·范斯洛（Michael Fanslow）在没有提供任何可预测性触发因素的情况下电击大鼠，使大鼠产生了这种焦虑。这些焦虑的大鼠只需一次试验，就学会了在之后出现刺激时做出恐惧反应。研究记录了它们恐惧调节回路的神经变化，这与人类创伤后应激障碍相关的神经变化非常相似。这使他和他的同事拥有了一组非比寻常的动物，他们能够利用这些动物研究药物治疗，并以此来治愈这种疾病。他实验室最近的研究表明，通过阻断大脑中的应激激素受体，大鼠就不会再出现条件性恐惧了。

如果这一发现可以应用于人类，就可能会开创出缓解创伤后应激障碍的疗法。我当然会考虑在肯尼亚遭袭事件之后采取一些措施，以免会永久改变我评估风险的方式。贾尼丝和我会商量着帮助戴维一下，减轻他在威尼斯海滩上险遭溺水不测后的创伤。对于任何遭受暴力袭击的人来说，此类药物也许可以帮助患者免受多年的创伤折磨。

对于那些已经患有创伤后应激障碍的人来说，前面提到的暴露疗法可用来消除这一病症。为什么需要特别暴露于诱发恐惧的刺激下才能消除恐惧记忆，最近针对大鼠的研究工作已经发现了其可能的神经基础。位于颞叶齿状回中的神经元，既与记忆的形成有关，也和记忆的消退有关。从治疗角度来讲，通过对诱发恐惧的诱因脱敏，就可以使人不再承受令人胆战的恐惧和麻痹的痛楚，而这通常是这种病的两大症状。例如，如果某人的创伤后应激障碍是由他在汽车中遭受的一次袭击引发的，他就可能学会将在汽车中与较大可能遭受攻击联系起来。治疗专家与病人一道合作，反复创造在汽车中的安全体验。通过治疗专家大力支持和大量体验，这种长时间的暴露疗法可能会消除引起恐惧的创伤后应激障碍的诱因。

在自然演化不断磨砺形成的恐惧反应可以保障我们的安全。我们都有一种从创伤性经历中形成创伤性记忆的演化能力，这对许多物种来说是生存所必需的。鱼类很快就掌握了捕食性威胁，尤金袋鼠知道它们应该害怕那些看起来像狐狸的捕食者，而不是害怕那些看起来像草食性山羊的家伙。但是，暴露于种种新的威胁——我们的先辈没有经历过的危险——则带来了新的挑战。

我们都做好了适应种种新挑战的准备，因为我们（还有我们许许多多的祖先）能够根据经验改变自己的行为。我们和其他物种可以相互学习，这提高了知识在种群中传播的速度。但生活经验告诉我们，在许多情况下，学习并不是简单的适应；我们必须根据现实来恰当地进行风险评估。学习是贝叶斯式的。在更直接的层面上，脱敏和习惯化提供了逆转各种创伤性事件的机制。从这些机制中得到的真知灼见为我们提供了潜在的工具，可以促进我们在一个日益城市化的世界中与野生动物的共存。

第 8 章

倾听信号发出者的声音

啊—啊！啊—啊！正午时分，印度北部的一个老虎保护区吉姆·科比特国家公园（Jim Corbett National Park）里，孔雀的报警叫声刺破了雨季前令人压抑的酷热。我和我的朋友南希（Nancy）看到了许多不同种类的鸟，还和一只人工饲养的孤儿大象宝宝一起玩耍。我们骑在驯养的大象上，有了一个足够高的有利角度，可以俯瞰公园里林木未覆盖的区域。那里的植被有 10 英尺高，以野生大麻为主。我们发现了老虎的猎获物，并把它们做了立桩标识；还看到了新鲜的老虎脚印，比我的手还大，我们抬头四下环顾，有些惶恐不安。但是 3 天过去了，我们仍然没有看到老虎的影子。随后，在第 4 天，我们走到露营地附近的观景台，爬上阴凉的高处，准备沿着一条横穿公园的河流寻找野生动物的踪迹。

啊—啊！孔雀的叫声通常是表示它们发现了惊扰它们的东西，比如大象、野猪甚至是老虎。孔雀一边叫着一边飞走了。几分钟后，河岸上挤满了猴子——恒河猴，它们来回张望，然后迅速游到河对岸。一过河，它们就爬上灌木丛，一边惊叫一边紧张地回望河岸。过了一会儿，一只体型庞大的老虎从茂密的植被中钻了出来，慢悠悠地走到水边。停留片刻后，这只老虎蹚入水中，伸展身体，享受起凉爽的河水。这只老虎身形巨大，至少有 12 英尺长。所有可能成为它猎物的动物都会敬而远之。1987 年的那一天，一个物种的报警叫声是如何影响到其他物种的？这让我感到不可思议。这种跨物种交流有多普遍？如果动物经常会预警其他动物，那么，在历史上稳定的生态系统中一旦有物种开始消失，会发生什么？

在本章中，我们将了解动物如何通过叫声（无论是同物种还是其他物种发出的声音）来获得捕食者的信息。我们还将了解是什么在调节报警叫声，以及报警叫声可能蕴含的意义，这对人类语言演化具有重要意义。我们将思考报警叫声的可靠性以及对其他动物的启示。最后，我们还将运用我们掌握的这些报警交流的知识，去探究如何才能有效地获取威胁信息并做好应对。

如果你没有机会去科比特公园听孔雀的报警鸣叫，也许你可以带着狗在树林里或其他自然保护区散散步。根据你所在的位置，你可能会听到松鼠的叽叽喳喳声、鹿的鼻息声和鸟儿的鸣叫声。这些叫声可能有 3 个目的：与捕食者交流，与同一物种的其他成员（我们称之为“同种个体”）交流，以及与其他易受到攻击的异种个体（别的猎物物种）交流。虽然发出叫声可能是为了一个目的，但这 3 个目的并不排他；呼叫者可以同时带着 3 个目的。你可以警告你的亲缘物种有捕食者在附近，同时也可以向隐秘的捕食者发出信号，告诉它们已经被发现了。在研究反捕交流的过程中，有很多事情让我感到不可思议，其中之一就是不同的接收者可能会选择不同的警报信号特征。要理解这一点是如何做到的，首先需要考虑我们所说的交流是什么意思。

当呼叫者发出自然演化过程中保留下来的信号来影响接收者的行为时，交流就发生了。虽然动物会对各种风险线索做出反应，就像猴子在听到孔雀的报警叫声后所做的反应，但沟通需要特定信号的演化，这类信号都是在自然演化过程中逐渐形成的。这些信号会改变其他动物的行为。但这其中存在一个悖论：为什么要向具有威胁性的捕食者发出信号暴露自己还有自己所在的位置呢？

许多有关报警交流的科学文献都关注于这些叫声如何发挥作用来警告报警者的同物种成员。具体来说，如果亲缘物种得到警告，报警者可能会获益。回顾一下演化的目的：确保基因能传给下一代。对上述问题的直接答案就是亲缘物种收到了发出的警报，因为亲缘物种之间有着共同的基因。通过警告亲缘物种，呼叫者可以保护其基因。

经典的研究表明，贝氏地松鼠会根据其听众的具体构成，增加为应对捕食者而发出报警叫声的概率。地松鼠的近亲在场数量越多，它发出报警叫声的概率也越高。当在场的是远亲时，松鼠不太会发出警告叫声。当只有地松鼠的非亲缘物种在场时，它发出警告声的概率最低。但是，情况可能要比这更复杂一些；并非所有的亲缘物种都会得到平等对待。例如，我们已经发现，黄腹旱獭对其弱小幼崽的出现最为敏感。有幼崽在场的母亲最有可能发出报警叫声，而其他黄腹旱獭则不会。总之，动物发出报警叫声的一个原因是要确保它们的基因能够直接（通过它们的直系后代——它们的子辈和孙辈）或间接（通过它们的同胞、同辈堂表亲、侄子和侄女）传给下一代。无论具体情况如何，一起发出叫声的家庭都会聚集在一起。

当然，发出报警叫声的另一个原因是为了制造混乱。想象一下，你正被一个捕食者盯着。如果你发出警报，你同种的其他成员就会四散开来。周围突然出现的混乱局面既可以使你免受捕食者的攻击，又可以分散捕食者的注意力，让它无法集中精力对付你。诚然，这种反应有点以自我为中心，但它仍然达到了生存这一演化目的——至少，要生存足够长的时间才能把基因传给下一代。

最后，叫声也可以针对其他物种。在第 3 章中，我们讨论了艮氏犬羚，这是一种纤弱的有蹄类动物，在肯尼亚的稀树草原上，这种动物大约有 36 种捕食者。一个学生项目研究了犬羚是否会对白腹灰蕉鹃发出的警报做出反应。白腹灰蕉鹃是稀树草原上真正的哨兵，它们是大型鸟类，栖息在金合欢树上，发现捕食者时它们就会发出警报。目前还不清楚它们为什么会提供这种公共服务，但许多物种似乎都会对它们的叫声做出反应。我们的目的是查明犬羚是否也会对白腹灰蕉鹃叫声做出反应。通过向犬羚播放灰蕉鹃的报警叫声，并对比犬羚对不含威胁性鸟叫声的反应，我们发现，当犬羚听到灰蕉鹃的报警叫声时，它们就会跑向植被掩体，更频繁地环顾四周，减少觅食。由此可见，娇小胆怯的有蹄类动物是能够对鸟类发出的报警叫声做出反应的。

这种偷听在许多物种中都很常见，这可能是生活在所谓“混合种群”环境中的物种所能享受到的一大好处。在大多数情况下，呼叫者很可能是在向捕食者或同种个体发出叫声，而偷听者则学会了对其他物种的报警叫声做出回应。例如，已有证据证明，体型娇小、色彩斑斓的澳大利亚壮丽细尾鹩莺学会了将以前没有包含什么信息内容的声音识别为警报信号。我的澳大利亚同事罗布・马格拉思（Rob Magrath）和他的学生训练细尾鹩莺专门对这些声音做出反应。他们通过一个隐藏的扬声器播放声音，并立即向这些鸟展示一个猛禽模型。经过两天的训练，细尾鹩莺对这些声音做出的反应同它们对警报叫声的反应一样；它们已经学会将一种新的声音与这种声音所传达的有捕食者出现的信息联系起来。

但是，当动物听到报警叫声时，究竟会发生什么呢？这取决于你参与个体生理反应的程度，听到警报会导致不同的基因进行自我复制，改变血液中循环的儿茶酚胺等应激激素水平，或者使动物停止当前行为，四处张望或逃之夭夭，就像我们刚刚在犬羚身上看到的那样。我们现在对动物发出这些叫声的条件、与报警叫声的生理关联，以及这些叫声的含义有了很多的了解。根据我自己对旱獭的研究，以及从其他动物（包括猴子、狐獴和啮齿动物）的研究结果中得到的典型范例，我们已经对报警叫声的直接原因、意义和演化有了很多了解。让我们从对旱獭的研究开始——具体来说，从旱獭的消化道末端开始。

我研究的旱獭是食草动物。因此，它们必须吃大量的植物，稍加消化，排泄掉，然后再吃一些。它们在夏日里整天都在进食、休息、消化和排泄。而我们呢，则整天观察旱獭、伺机诱捕旱獭。因此，当我们走到一只安静地在笼子里休息的旱獭面前时，迎接我们的是一份待采的粪便样本，这并不意外。如果我们幸运的话，当把手伸进锥形处理袋时，我们会收集到更多的粪便，锥形处理袋是在我们进行测量和收集数据时用来让旱獭放松和保持平静的。

粪便中有各种值得研究的东西。我们可以通过在显微镜下观察植物细胞的结构来确定旱獭吃了什么，我们可以通过浮在粪便浆液顶部的卵找到各种肠道寄生虫。有些人从粪便里脱落的肠道细胞中提取 DNA，并以此来识别物种，甚至统计隐秘的（难以看到的）食肉动物个体数量。粪便中还含有消化后残留的激素，包括应激激素，如我们在第 1 章中讨论过的皮质醇和皮质酮。

对这些粪便中的糖皮质激素代谢物进行量化分析是研究动物生理应激的一种相对无创的方法。我们已使用糖皮质激素代谢物对旱獭进行了一些研究。我们用同事圈养的旱獭做了一个简单的实验，也因此明白了我们研究的其实是粪便中的应激激素。首先我们注射了促肾上腺皮质激素（ACTH），这是一种刺激垂体前叶产生应激激素的激素。然后，我们等待并收集了这些圈养动物的所有粪便，并记录了注射促肾上腺皮质激素后所经过的时间。大约 24 小时后，我们发现排出的糖皮质激素代谢物达到一个峰值。因此，我们推断，粪便样本可以告诉我们在收集粪便样本前一天个体的压力水平。虽然大多数个体在多个样本中测得的应激激素水平的高低和变化都有很大差异，但有些动物出现多个高应激粪便样本，而这些个体被认为存在长期应激的情况。

凭借这一知识，我们开始关注成年雌性动物在被诱捕时是否会发出警报叫声，如果它配合的话，我们还可以收集粪便样本。通过这组配对观察，我们想要了解，当雌性的糖皮质激素水平较高时，是否更有可能会发出叫声。我们发现，当雌性的循环应激激素本底水平较高时，它们更有可能发出报警叫声，这完全在我们的预料之中。因此，可以说应激激素刺激动物发出报警叫声，这一发现在其他一些物种中也得到了证实，其中包括了恒河猴这种非人类灵长类动物。就像你面临压力时可能更容易大叫大嚷，或者在鬼屋里转悠时可能会惊声尖叫一样，应激激素水平较高的旱獭和猴子更有可能发出警报叫声。

此外，最近我们在落基山生物实验室对旱獭进行的研究表明，在社会层面遭到孤立的个体更有可能发出警报叫声。为了确定这一点，我们对旱獭个体在其社交网络中所处的位置进行了观察。可以说，旱獭和许多人一样，拥有“脸书”（Facebook）档案：它们与别的不同数量的旱獭互动，拥有不同类型的社会关系。也许，就像某些社交媒体网站的员工一样，我们量化了旱獭的社交互动，计算了公开的社交网络统计数据，对客户进行窥视。我们对每只旱獭个体在特定年份中与其他个体之间的社会关系进行了描述。通过多年的研究，我们发现，那些不太受欢迎（主要表现为与其他个体互动相对较少）、与其他旱獭关系较弱、彼此之间没什么互动的旱獭，在有东西接近时更容易发出叫声。

这些发现与另一系列的结果相吻合，表明在社会层面遭到孤立的旱獭特别脆弱。像旱獭一样，与身处一群朋友中相比，我们在不认识的人中间时可能更容易遭受打劫。我们认为，我们的好朋友会在我们受到攻击时保护我们，或者说其他人不会攻击一个群体。我们的旱獭研究结果还表明，脆弱的个体可能会把其叫声指向捕食者以阻止追捕，或者指向其他旱獭，通过告知它们威胁来获得地位。我们还需要进行更多的研究来了解是否确实存在地位信号。

但是这些叫声意味着什么呢？报警叫声与鸟鸣不同，鸟鸣传达的是身份和存在感，并可能会提供鸣叫者的特征信息，而报警叫声以及某些发现食物的叫声，具有独特的指代性。指代性信号亦即指称外部物体或事件的信号。因此，一种类型的叫声可以告诉他人周围有一只正在捕食的狐狸，而另一种叫声则表示出现了一只正在狩猎的老鹰。如果是这样的话，警报叫声可以作为基本的词汇，而动物可以利用这些信息来丰富对周围世界的认识。

对动物指代性信号的研究可能是一件大事，要理解这一点，我们还需要回顾达尔文的研究。达尔文指出，人类拥有语言，然而非人类只具备交流情感的能力，而无法交流它们身体以外的具体物体或事件的信息。因此，他预判非人类不会使用指代信号。后来，我们了解到蜜蜂的摇摆舞可以表达从蜂巢到一片花丛的方向和距离，并将这一信息传达给其他正在觅食的蜜蜂。起初人们并不感到大惊小怪，认为这小小昆虫只不过是上述规则的一个例外而已。我们一直坚信，语言是人类所特有的，认为只有人类可以就身体之外的物体或事件进行交流，而非人类指代信号的存在对我们的信念和观点都构成了挑战。

为了检测这一可能性，研究人员对类词语交流进行了探索，并催生了一个研究灵长类、啮齿类动物和鸟类叫声含义的分支学科。如果符合以下两个标准，就可以认为是类词语交流（即所谓的指代信号）的证据。第一个标准是必须有高度的产生特异性；每一种叫声类型都是信号发出者在受到特定刺激时肯定会发出的。例如，每次发现狐狸，动物总是会发出一种由狐狸诱发的特定报警叫声。这种叫声听起来不同于鹰所诱发的叫声。相反，如果报警者发现一只狐狸距离非常近，发出了一种更像鹰的报警叫声，则这些叫声可以理解为是为了传达所反映的风险程度和紧急程度。换言之，鹰可以飞得很快，如闪电般袭击目标，而狐狸在近距离出现就像鹰一样危险。第二个标准是必须有一定程度的情境独立性，或所谓“反应特异性”。例如，动物听到由狐狸诱发的叫声后，做出的反应应该就像狐狸在附近一样，而听到由猛禽诱发的叫声之后做出的反应则应该像猛禽出现一样。从理论上讲，对于具有不同的独特逃生策略的动物来说，这相对容易量化。

托马斯·斯特鲁萨克（Thomas Struhsaker）、彼得·马勒（Peter Marler）、多萝西·切尼（Dorothy Cheney）与她的丈夫及研究伙伴罗伯特·赛法特（Robert Seyfarth）进行了一系列研究，这种指代性信号最早的一个例子就出自他们的研究。斯特鲁萨克和马勒对乌干达（Uganda）的长尾黑颚猴的初步观察促成了后来在肯尼亚进行的一系列详细实验。这些体型如猫一样大小的黑脸猴子生活在稀树草原上，躲在树上寻求保护。即使对它们的名字不是非常熟悉，也可以辨认出它们来。雄性以其独特的亮蓝色睾丸和鲜红色阴茎而闻名。雌性之所以引人注目，是因为它们从母亲那里继承了自己的社会地位；这是一个相当令人沮丧的跨代继承的例子。他们在乌干达的初步观察表明，长尾黑颚猴对猛禽、蛇类和陆生哺乳类捕食者会发出富有特色的报警叫声，并以不同的方式做出反应。这表明，报警叫声的功能就像简单的文字一样，可以向其他猴子传达所发现的捕食者的类型。

切尼、赛法特和马勒的目的是要看看肯尼亚的长尾黑颚猴种群是否能表现出同样的能力。他们的实验在切尼和赛法特的经典著作《猴子如何看世界》（*How Monkeys See the World*）中做了总结。长尾黑颚猴每天花大量时间在地面上觅食，这很危险，因为稀树草原上到处都是捕食者，而树木可以提供便捷的庇护。但是，长尾黑颚猴必须穿梭于树与树之间，在这期间，它们毫无遮蔽。为减少这些风险，它们演化出了各种适应能力：它们可以生活在庞大的、雌性主导的社会群体中，以此提升安全感，当然，它们也会发出警报叫声。研究人员发现，肯尼亚稀树草原上的长尾黑颚猴表现出一种使用指代信号的能力。

当发现蟒蛇时，长尾黑颚猴会发出喳喳的叫声；发现花豹时，长尾黑颚猴会发出一连串音调短促的叫声；发现鹰时，长尾黑颚猴会发出咕噜声；此外，听到这些针对特定捕食者叫声的长尾黑颚猴会以独特的方式做出反应。它们的行为会根据叫声发生改变。一只长尾黑颚猴看到有蛇，就会发出喳喳的叫声，其他猴子听到叫声，就会用后腿站起来，以双足行走去接近发出叫声者，在植被中寻找蛇。然后，如果它们看到了蛇，就围着蛇，用喳喳的叫声骚扰它，甚至还可能会发起攻击。让蛇知道它已经被发现，并试图迫使它离开，这是许多物种对特别依赖偷袭取胜的捕食者所进行的一种群趋。在听到针对豹子的报警叫声后，长尾黑颚猴会跑到树上，攀爬到最外围的树梢上，这样它们有可能会安全地躲开体重较重的豹子，因为豹子无法爬到伸出去很远的树梢上。最后，在听到猛禽引发的咕噜报警叫声后，地面上的长尾黑颚猴会跑到树上，躲在树冠中央，以免受到猛禽的攻击，因为猛禽要穿过茂密的枝叶到达树冠中央的话，身体肯定会受到伤害。树冠上的长尾黑颚猴听到叫声后，为了安全起见，会下到树冠中央。

看到长尾黑颚猴或其他猴子对捕食者的反应非常兴奋。我第一次经历这种情况是在 1986 年，当时我在肯尼亚西部的卡卡梅加森林研究青长尾猴。每次一有猛雕飞过，简直就像下了一场猴子雨！所有的猴子都要去寻求安全庇护，要么是跳到树上躲到树冠中央，要么是迅速从高高的枝头上爬下来躲到树冠中央，因为只有在那里，猛雕才不容易接近它们。最近，在哥斯达黎加（Costa Rica），我听到了一群蜘蛛猴对一只大型肉食性猫科动物的反应，但很可惜由于可见度太低，没能亲眼看到这一场景。它们蜂拥到一个地方，集体发出响亮的、快速反复的叫声。一时间雨林里到处都充斥着这种叫声，而且这种叫声似乎起到了作用。最后，这只刚被发现的捕食者偷偷溜走了，去寻找不太警觉的猎物。

切尼和赛法特在肯尼亚稀树草原进行了进一步的实验，专门用来确定猴子是否以独特的方式对独特的报警叫声做出反应。他们把扬声器隐藏好之后，播放了特定的叫声，并拍摄下长尾黑颚猴的反应。通过播放这些由捕食者激发的叫声，他们发现了一定程度的特异性反应，这表明猴子针对捕食者有简单的词汇。因此，可以说长尾黑颚猴发出了指代性的报警叫声。这些叫声仿佛是在传达捕食者的类型。类似的各种指代信号在其他猴子、鸡和某些鸟类、古氏草原犬鼠以及狐獴身上也有记述。

但并不是所有的物种都有这些指代能力，甚至在同一物种的种群之间，这种不可思议的认知能力也可能存在一些差异。最近对南非的一个长尾黑颚猴种群的研究就未能再现切尼和赛法特最初的发现。在南非的种群中，长尾黑颚猴并没有根据捕食者类型选择适合的方式立即逃离，它们反而会向隐藏着播放报警叫声的扬声器方向张望。它们在逃离时，并不总是会做出与捕食者相适应的预期反应。这项研究的研究者尼古拉斯・杜舍明斯基（Nicholas Ducheminsky）、彼得・亨齐（Peter Henzi）和路易丝・巴雷特（Louise Barrett）认为，这可能反映了这些猴子的群体规模较大，个体听到正常报警叫声的距离较远。因此，他们提出，切尼和赛法特发现的指代性反应可能不是某个物种的属性或基本的认知能力。相反，指代性反应可能更具可塑性，并能反映出社会和生态状况。

在南非长尾黑颚猴的案例中，来自较远距离的叫声意味着听到这些叫声的长尾黑颚猴面临的捕食风险相对较小。就像如果有人在你旁边高喊“低头！”你可能会立即低下头一样，如果有人在远处喊“低头”，你可能会四处寻找风险来源。群体规模较大意味着长尾黑颚猴可能普遍会比肯尼亚的长尾黑颚猴更安全。如果是这样，我们可以假设，个体的相对安全性可能是影响认知能力的一个重要因素。生活在较高风险下的动物可能需要比生活在较低风险下的动物拥有更复杂的认知能力。最后，在更大和更分散的群体中，可能会有更多的虚假警报。听到错误警报的长尾黑颚猴应该更具辨别力，在采取任何针对特定捕食者的逃生行为之前，首先要确定真正的威胁。

研究报警叫声的含义有什么实用价值吗？在研究交流时信息是否是一个有价值的量化指标？有人对此提出了质疑。一方面，指代性的叫声不一定类似于标记捕食者的词汇；叫声可能是对他人的指示，如“跑到树上去”或“踮起脚尖看看周围”。另一方面，那些质疑动物信号中所包含的信息是否有价值的人经常会问，如果交流是为了操纵他人的行为，那么对发出信号者而言，提供有意义的信息会有什么益处呢？此外，正如这些人所指出的，信息并不是一个实体，它是一个抽象的概念。演化不应该起到优化信息传输的作用，而应该起到优化适应性的作用。

我的观点是，信号包含潜在的信息，对于动物来说，获取有关潜在风险的信息至关重要。即使很难准确地想象出什么是信息，可你一看到就会明白。如果你的行为因发现某个信号或由某种经历而发生改变，你就获得了一些有潜在价值的信息。这对非人类来说也是如此——如果它们的行为在听到某种叫声、嗅到某种气味或看到某个特定的图像后发生改变，这些刺激就包含了信息。

我也发现对类似词汇交流的相关探索值得研究，即使我们发现它相对而言受到诸多制约。这是因为它并非一种在所有物种中都存在的交流特性，这种差异性需要得到解释。如何解释认知能力的演化？为什么有些物种会比其他物种“聪明”（诚然，这个词很有内涵）？总之，我认为我们应该研究交流在何种条件下会有指代性的演化，或者在何种条件下会受到自然演化的青睐。

我花费了 10 多年时间研究了 15 种旱獭中 8 种的指代性交流的演化。根据以前的报告，一些种类的旱獭对于指代性交流的产生具有高度的特异性（当一种类型的捕食者引发一种类型的报警叫声，不同类型的捕食者引发不同类型的报警呼叫时，就可以看到这种特异性的产生），而其他物种是否具有这种能力则无相关报告。我带着麦克风、录音机和扬声器，开始研究旱獭指代性交流的产生与反应特异性。而且，我最终的目的也是研究它们指代性交流的演化。

我的研究从巴基斯坦开始，先是长尾旱獭，然后转向德国贝希特斯加登阿尔卑斯山（Berchtesgaden Alps）的阿尔卑斯旱獭，之后到俄亥俄州（Ohio）和堪萨斯州（Kansas）深入研究美洲旱獭，到犹他州（Utah）和科罗拉多州了解黄腹旱獭。从那里，我分别前往华盛顿州的奥林匹克半岛和雷尼尔山国家公园（Mount Rainier National Park）研究奥林匹克旱獭和花白旱獭；前往俄罗斯的大草原研究草原旱獭；并前往温哥华岛（Vancouver Island）的中部山区，研究极度濒危的温哥华岛旱獭。我的妻子贾尼丝和我在迷人的阿尔卑斯山环境中花了数千小时观察旱獭，进行了各种实验。我们走近旱獭，观察它们的反应。我们操控着一架鹰一般大小的无线电遥控滑翔机从它们头顶飞过。我们把滑翔机命名为“克尼维尔老鹰号”，因为滑翔机很难在岩石遍布的山坡上降落。我花了几个小时来修理它，就像埃维尔·克尼维尔 *（Evel Knievel）在美国西部骑着火箭动力摩托车冒险后所做的漫长恢复过程一样。我们遥控着一只名叫“机器獾号（RoboBadger）”的毛绒獾驶向

* 埃维尔·克尼维尔是美国著名的摩托车特技明星与冒险运动家，曾被誉为飞车超人。——译者注

旱獭，并向它们发出不同的报警叫声。我们发现，没有一个物种会发出针对特定捕食者的叫声，有点出乎意料。事实上，当一个人向它走过去，旱獭就会发出许多不同类型的叫声。因此，旱獭似乎并没有发出针对捕食者的特定报警叫声，而似乎是在交流它们所经历的风险程度，而且交流的方式还很多。

巴基斯坦的长尾旱獭会改变它们组合在一起的一串叫声的数量。这些动物生活在一个充满活力且完整的捕食者群落之中，当我还在100多米开外时，它们就会开始冲我叫喊。随着我不断走近，组合成多音符音流的叫声数量会减少。因此，长尾旱獭通过改变叫声的数量来追踪风险。随着风险的增加，它们发出的叫声也变得越来越不惹人注意。相比之下，黄腹旱獭会随着风险的增加而加快呼叫的速度。它们对待人类也是如此，但当它们发现鹰或我们的模型鹰时，也会以更高的初始速率发出呼叫。

如前所述，我最近的研究表明，旱獭叫声的功能之一很可能是直接与捕食者沟通，也许是为了发出信号让捕食者知道自己已被发现了。事实上，我和当时我实验室的优等本科生埃琳·谢利（Erin Shelley）对报警信号进行了演化分析，并得出结论，报警信号的最初功能可能是针对捕食者的，用以阻止其追捕。我们发现，在209种啮齿动物中，警报信号的演化起源与社会性的演化起源无关，而与白天活动的演化起源有关。白天活动的啮齿动物似乎通过发出针对其捕食者的报警信号而获益。此外，虽然这些物种都没有指代能力，但它们已经演化出各种方式来传递风险。通过组合呼叫、改变速率，以及通过发出不同类型的呼叫，旱獭向别的旱獭传递了风险的程度，并可能向捕食者传达了它们已经被发现的信息。

另一个有趣的发现是叫声库大小的变化。在记录了每个物种的数百个报警叫声并制作了绘制时间和频率（音调）以及振幅的频谱图

（声纹）后，我可以按类型对叫声进行分类。极度濒危的温哥华岛旱獭在应对捕食者时发出了 5 种不同类型的报警叫声。相比之下，大多数其他种类的旱獭只发出一两种类型的叫声。尽管温哥华岛旱獭发出的报警叫声不具备足够的产生特异性，不能被认为是有指代性的，但值得注意的是，我们向旱獭播放报警声的顺序影响了它们的反应程度。这就好像温哥华岛旱獭有简单的句法一样。注意，只有少数研究表明非人类拥有句法能力，而句法是人类语言的关键特征之一。

为了展开对报警叫声的讨论，我们来探讨一下狐獴这种小巧可爱、高度社会化的食肉动物。狐獴生活在非洲南部的沙漠中，它们在那里觅食昆虫，相互合作保护弱小的幼崽，对抗各种来自空中和陆地的捕食者的威胁。我的朋友与同事玛尔塔·曼瑟（Marta Manser）是苏黎世大学（University of Zurich）的教授，多年来一直在南非北部的卡拉哈里沙漠（Kalahari Desert）研究狐獴。她现在在指导卡拉哈里狐獴项目，卡拉哈里沙漠是热播电视节目《狐獴庄园》（*Meerkat Manor*）的拍摄地。在这个节目中，摄像机跟随弗劳尔（Flower）和她的肥皂剧明星伙伴们经历了卡拉哈里沙漠狐獴生活中的种种考验和磨难。幕后，曼瑟在进行着精妙绝伦的实验，了解狐獴的交流系统和它们叫声的含义。曼瑟发现，狐獴拥有指代性信号——它们在应对陆生和空中捕食者时会发出不同的叫声。而且重要的是，它们可以同时传达风险。曼瑟的目标是发现它们在叫声中所传达的信息类型。正如她所表明的，狐獴的叫声随着风险的增加而变得更加嘈杂（记住，诱发恐惧的声音是嘈杂的）。因此，狐獴在应对空中捕食者时，会发出表示低风险或高风险的叫声。听到这些不同叫声的狐獴会做出相应的反应。

那么，我们从这些研究中了解到了什么呢？首先，大自然的多样性极其丰富，需要深入研究来梳理出具体细节。有很多被认为是避免捕食的适应性行为，其中很多涉及各种警报的发出。据推测，所有这些都发挥了足够的作用，因为大多数物种不会因为一个存有缺陷的反捕警报系统而遭受灭绝之灾。交流系统说明了适应性的多样性，这些正是为解决类似问题演化而来的。

虽然我对旱獭的比较研究大部分是为了了解类语言交流演化的基本步骤，但回想起来，这种聚焦可能会忽视我们周围的生命多样性。对生命多样性研究的时机已经成熟，生命多样性是创造性灵感的源泉。“仿生学”（Biomimicry）一词是由雅尼娜·拜纽什（Janine Benyus）创造的，是一个从大自然汲取灵感来解决人类面临问题的领域。例如，工程师们通过观察鲨鱼顺滑的运动方式并对其光滑的皮肤进行研究后，为奥运级别的游泳运动员设计出了贴身连衣泳装。壁虎以其在垂直玻璃表面的爬行能力而闻名，其脚垫的结构为发明新的黏合剂提供了灵感。许多生物仿生都试图从物理和化学中寻求新的解决方案。

那么，从反捕行为的多样性中得到的生物仿生知识又当如何呢？我们对行为的了解是否可以应用于提升我们人类的安全和防御水平？这方面的一个教训几乎是微不足道的——不要反应过度。所有成功的动物都是从能够很好地管理风险的祖先那里演化而来的。我们知道，在整个生物组织的范围内——从对疾病威胁的免疫反应到发现捕食者时的行为反应——对威胁做出过度反应也是要付出高昂代价的。

生理反应包括自身免疫性疾病，这可能是免疫系统对非感染性刺激的一种致命的过度反应。免疫系统已经演化到对感染性挑战做出反应。正常情况下，它对常见刺激具有耐受性。但是，免疫系统一旦激活，这些无害的刺激会突然被视作威胁。能量被错配给不必要的防御，而人体本身也受到攻击。那些研究演化医学的人正在探索新的疗法来对抗自身免疫性疾病。其中一些疗法可能利用为免疫系统提供良性的威胁，如非致命的寄生虫，从而在某种意义上占领免疫系统或分散免疫系统对身体本身的攻击。

从更大的范围来看，可以思考一下美国对“9·11”事件的反应。这些恐怖袭击造成3 000多人死亡，6 000多人受伤，无数人的生活受到严重影响。但根据美国国家公路交通安全管理局（US National Highway Traffic Safety Administration）的数据，仅2017年就有10 874人死于酒后驾驶相关的车祸。为什么我们对纽约发生的恐怖袭击感到恐惧，而对酒后驾车造成的持续而广泛的伤亡却无动于衷，我们将在第12章中讨论这其中的一些原因。如果我们像《星际迷航》(*Star Trek*）里的斯波克先生（Mr. Spock）一样头脑清醒，我们可能会就美国人对“9·11”事件的反应感到迷惑不解。斯波克也许会建议我们进一步降低驾驶员血液中法定的酒精含量的标准，对醉酒或酗酒的驾驶员实施更加严厉的处罚，并更有效地执行与安全带相关的法律。相反，在寻求“安全”的过程中，我们在阿富汗（Afghanistan）制造了一场无休无止的战争，造成了更多的痛楚和苦难。截至2020年初，美军死亡人数超过2 300人，受伤人数超过20 300人。这还不包括美国政府承包商、美国盟友或长期遭受苦难的阿富汗人民的伤亡，也不包括退伍军人或阿富汗人遭受的创伤后应激障碍所带来的可怕影响。战争一旦开始，往往很难结束。对威胁的过度反应代价高昂，会导致死亡和贫困。

从风险交流中学到的另一课是，报警叫声往往各不相同。为什么这样一个个体特征会很重要？它有什么作用？当然，它可能是声音产生过程中不由自主发出的声音。哺乳动物和鸟类发声时，气流受到挤压通过振动的发声器官（喉头或鸣管），所产生的声音经过声道过滤，发出我们最终听到的声音。声道的形态变化可能是造成发声特异性差异的原因。在与当时还是博士研究生的金·波拉德（Kim Pollard）的合作研究中发现，在旱獭、地松鼠和草原犬鼠中，生活在典型的较大社会群体中的物种具有更为独特的个体发声方式。而且我发现，那些看似传达旱獭个体差异的声学特征，在环境中传播时，并不会像那些传达风险的声学特征那样发生衰减。这两种证据都表明，报警叫声的个体特征受到自然选择的影响，而不仅仅是声道形态变异时不由自主发出的声音。换句话说，独特的发声方式是有目的的。当我们看到某些特征的变异（这种情况下是个体特征）很好地映射到环境或社会变异上（这种情况下是群体规模），我们就可以推断这种变异特征已经经历了演化过程。事实上，一些灵长类动物、狐獴和群居性鸟类所发出的用来追踪同一物种（同种个体）的召唤叫声会具有个体色彩，这是有道理的，因为如果不同个体发出的声音都一样，你就无法追踪它们。如果需要发出不同的声音，我们相信发出方可能会有选择地发送具有个体特征的召唤叫声，而接受方则有选择地对召唤叫声加以区分。在处于育雏阶段的企鹅和海洋哺乳动物中可以找到一个很好的例子来说明独特的召唤叫声的必要性，一个群体有着成百上千个正在尖叫的幼崽，这些动物必须从这个嘈杂喧闹和臭气熏天的群体中找到自己的幼崽，这样它们才能在觅食回来时给它们喂食。成年个体和幼雏都会发出和回应个性化的独特叫声。

但这一切与我们对报警信号的理解有什么关系呢？我们知道旱獭和其他地松鼠都有各自独特的叫声，但发出或辨别这些叫声对信号发出者和接收者有什么好处呢？

可靠性评估也许是关键所在。在第7章中，我们了解到并非所有的个体都是可靠的。回想一下《伊索寓言》中那个喊狼来了的牧羊少年。它清楚地表明，每个个体的可靠性是不同的。此外，我们有一种机制来解释这是如何发生的。我们知道，应激激素水平会影响发出呼叫的概率，因此个体会有不同的呼叫阈值，这是由应激激素水平调节的。如果是这样的话，那么一些个体通常更有可能同时对真正的捕食者和非捕食者发出叫声，而另一些个体可能只在周围有捕食者时才会发出叫声。我们不妨把这些个体称为紧张的内莉（Nervous Nelly）和沉着的露西（Cool-Hand Lucy）。沉着的露西可靠，而紧张的内莉则不可靠。如果《伊索寓言》是正确的，那么我们可以预料紧张的内莉会被忽视，就像喊狼来了的少年最终被忽视一样。

我们不禁要问，这个假设是否可以解释为什么旱獭会对报警叫声做出反应，以及如何做出反应。在很多情况下，真的很难确定是什么刺激触发了旱獭的报警呼叫，我们无法对可靠性做出正确评估，所以我们进行了一个回放实验。我们创设了一只可靠的旱獭，把它的叫声与一只毛绒獾的出现配对；还创设了一只不可靠的旱獭，把它的叫声与没有獾出现的场景配对。我们采用了一种巧妙的实验方法，名曰"习惯化—恢复方案"（habituation-recovery protocol）。这是切尼和赛法特最初从研究前语言期儿童的发展心理学家们那里借鉴而来的一种研究方法。这与第 2 章中提到的研究人类婴儿识别蜘蛛的方法相同。同样，如果使用得当，这项技术可以帮助我们推断动物如何对不同的刺激进行分类。在这种情况下，我们首先提出的是，一只旱獭个体是如何对一只新的旱獭随机发出的一组叫声做出反应的。我们对一些不同的旱獭个体进行了调查，我们称之为实验的预试阶段。然后，我们分别创建了一组可靠的（R）和不可靠的（U）呼叫者，将它们的叫声分别在有或没有獾出现的情况下播放给我们刚刚进行过预试的同一组个体。

然后，我们测试旱獭是否会仅根据其可靠性来区分呼叫者。我们要么播放 R 的新叫声，要么播放 U 的新叫声。如果 R 和 U 分别代表着可靠与不可靠的呼叫者，那么在旱獭了解了不同呼叫者的可靠性有差异的情况下，我们预期会出现以下两种情况：一是它们会增加对可靠呼叫者的反应，二是它们会减少对不可靠的呼叫者的反应。在回放实验中，我们将动物诱导到一个中心位置，播放声音，观察它们的反应，并记录它们恢复觅食所需的时间。如果关于“狼来了”的可靠性假设得到证实，那么，旱獭在听到不可靠呼叫者的叫声回放后，就应该会很快恢复觅食。

实验结果与预期截然相反：听到不可靠者发出的叫声后，旱獭停止觅食的时间较长，主要是利用这段时间进行四处张望；而那些听到可靠者叫声的旱獭最初会四处张望，然后继续觅食。因此，这些结果被看作是愚蠢的错误而不予考虑。后来我们深入思考了旱獭对不可靠呼叫者做出更多反应的原因。毕竟，这些结果与“狼来了”假说不一致。而“狼来了”这个假说一直被用来解释许多动物报警叫声中的个体特异性，这些动物包括草原旱獭、理查森地松鼠、冠毛猕猴和恒河猴。

那么，可靠性意味着什么？它意味着你可以对某件事做出可靠的推断。相比之下，不可靠性则意味着难以对某件事做出可靠的推断。如果你推断捕食者要出现了，那么也许在听到一个不可靠个体的叫声后，旱獭会更多地环顾四周，对真正的捕食风险做出独立评估，这也许的确有道理可言。由此看来，好像它们知道，即使是可靠的动物偶尔也会犯错，但你真的不能信任那些不可靠的动物。因此，不可靠的呼叫者或情况会让听者进行独立评估。

其他的证据也支持这一观点。旱獭遇到不确定的情况时，它们会更加注意或做出更多的反应。旱獭在听到年龄更大、可能更为可靠的旱獭发出的报警叫声后会更多地觅食，听到可能不可靠的幼崽的叫声则不尽然。旱獭在听到没有衰减的叫声后更多地会觅食，听到声音有所衰减的叫声则不尽然。所有的声音通过空间传播时都会衰减，而且传播得越远，衰减得越厉害。因此，我们的判断是，未衰减的叫声模拟了呼叫者就在附近的情况；声音传送的距离短，因而衰减的程度最小。所以，在立即抬头并四处寻找到报警叫声的来源后，旱獭会继续觅食。当它们听到衰减后的叫声时，它们会更多地四处寻找，可能是因为它们对真实的捕食风险不太确定。衰减后的叫声可能意味着呼叫者在看着你或远离你，而呼叫者看着你可能意味着捕食者就在附近！因此，这其中的关键信息是，不可靠的个体或是不可靠的情况就是不可靠的，因为很难评估真实的捕食风险。鉴于这种困难，遇到存在一定风险的情况就会需要独立判断。正如发出的报警叫声一样，我们通常应该期待在交流机制方面演化出更大的灵活性。

可靠性评估很可能是区分呼叫者能力演化的一个普遍解释。这说明了另一种可能的仿生反应——当情况确实不明朗时，一些动物会付出更多的努力来对其做出正确评估。这听起来可能（或应该）有点耳熟。让我们想一想，我们人类是如何对不确定的信息源做出反应的。我们一天 24 小时无时无刻不被新闻和垃圾邮件所困扰，其中可能有相互矛盾的信息，甚至都会有完全错误的信息。现在评估这些信息的风险和可靠性比以往任何时候都更为重要。我们内心都有一只旱獭；我们已经演化出一种相信可靠来源的机制。但我们的演化系统跟不上步伐；我们面临着演化失配的情况，具体表现在：我们的演化机制已经崩溃，而我们很容易相信不实或夸大之词。有太多的潜在信息需要处理。念及于此，我建议要仔细审查我们的新闻来源。如果听起来好得难以置信，那可能就是个骗局。毫无疑问，经过严格的新闻审核和事实核查的新闻来源，从总体上而言要比那些简单地汇总信息的新闻来源更为可靠。假新闻的兴起意味着我们必须重新学习如何信任而不是去验证。我们必须支持消息来源经过适当查证的可靠的新闻报道，因为我们都没有足够的时间去核实我们听到的所有信息。我们需要优质的信息来做出明智的决定。

动物用各种方式传递警报信号。对正在搜寻信息的接收者来说，任何为应对威胁而做出的反应都具有潜在的信号价值。一些啮齿类动物，如更格卢鼠，会用后脚迅速拍打地面，这一阵阵的跺脚节奏经过了精心的设计。已经证实，某些跺脚节奏声是宣誓领地主权的信号，但有些物种也会在发现捕食者或有捕食者线索时跺脚。事实上，蛇的听力虽然很差，但能很好地感受到振动。啮齿动物跺脚就是想着将蛇赶出自己的领地。同类动物听到一阵跺脚的声音后，就可能会机敏地提高警惕，四处寻找蛇。

除了跺脚声，还有其他一些声音也都表示风险的增加。一些鸠类和鸽类受到惊吓时会飞起离开，并用翅膀发出哨声。马格拉思的小组以及我和我的学生都对这些哨声的信号用途做过研究。马格拉思和他的学生研究的是冠鸠，这是一种澳大利亚鸠，其头部有一簇独特的刺状羽冠。他们发现，在地面上觅食的鸽子突然受到惊吓时，会以比正常情况下更陡的角度飞起。当这些鸠以一个陡峭的角度起飞时，经过特殊调整后的羽毛会发出哨声——这是感知到威胁的明显信号。研究人员分别播放受到惊吓后的翅翼震动发出的哨声和一般飞翔声音，他们发现翼哨声更有可能引起鸟群起飞。因此，翼哨声具有不用语言交流即可传达风险的能力。

在维尔京群岛开展研究期间，我和我的学生研究了哀鸣鸽，这是加勒比海地区附近安圭拉的国鸟。像冠鸠一样，哀鸣鸽在快速起飞的时候翅膀会发出类似机械声的翼哨声。我们希望了解，与其他可能的风险信息源相比，鸽子对翼哨声的反应如何。我们进行了一个回放实验，向鸽子播放了含有哨声的振翅声和不含有哨声的振翅声。我们发现，鸽子听到含有翼哨的振翅声时明显要比听到没有哨声的振翅声（或在对照回放中）时的警惕性要高。这些结果表明，同类物种将翼哨声解读为报警信号。然后，我们进行了另一个回放实验，这个实验证明，相较于同伴哀鸣鸽发出的翼哨声，来自潜在捕食者——红尾鵟的回放更能引起鸽子的警惕。综上所述，这些结果表明，哀鸣鸽似乎认为，捕食者发出的声音比同种的警报信号更具信息价值，这一点与其他物种截然相反。这意味着对信息可靠性的追求应该是非常广泛的，而不是对某一物种或某一信息来源的特殊需求。

正如我们所看到的，聪明的猎物会使用任何可以利用的线索来准确评估捕食风险，包括其他物种发出的报警叫声或捕食者自身产生的各种线索。关于物种之间的交流，有一点特别值得关注，不同的物种会面临不同的风险。来自其他物种的叫声所提供的捕食风险信息可能并不那么可靠。许多回放研究表明，哺乳动物可能会对其他哺乳动物的报警叫声以及鸟类的报警叫声做出反应。那么，哪些一般性的因素可能会影响到一个物种对另一个物种做出反应或者不做出反应呢？

大致来说，一个个体或物种的体型大小在很大程度上说明了它可能害怕的事物。小鱼非常容易遭到捕食，而随着它们的成长，其捕食者会减少。小型哺乳动物也可能容易受到一系列体型更大的捕食者的攻击。如果是这样的话，较大的体型可能会起到保护作用。顺便提一下，这很可能解释了为什么我们的柯基犬西奥会对附近的电闪雷鸣产生反射性恐惧，因为极其响亮的低频雷声可以解读为附近有一只庞然大物。因此，脆弱性在某种程度上与体型大小有关，我们看到个体和物种都会有各种适应办法来应对这些风险。

如果敌人的敌人就是我的朋友，那么体型大小如何会影响到信息的价值？设想一下，一只小小的金背地松鼠听到了一只体型更大的旱獭发出的报警叫声。这只地松鼠能从中推断出什么信息？或者旱獭能从地松鼠的叫声中获得什么捕食风险方面的信息？事实证明，聪明的松鼠应该会重视旱獭的叫声，但聪明的旱獭有时则可能对松鼠的叫声不予理会。这是因为所有吃旱獭的动物都会吃松鼠，但反过来却不一定会是如此。旱獭的体型大约是地松鼠的 17 倍。如果单是这种体型上的差异就可以把动物的反应解释清楚，那么体型比黄腹旱獭大出约 16

倍的骡鹿就应该无视旱獭的报警叫声。事实证明，骡鹿一听到旱獭报警叫声会立即把目光投向旱獭，有时甚至还会逃走。但是，既然旱獭不理会松鼠的叫声，那为什么骡鹿要相信旱獭发出的警报呢？

答案可能在于二者有相同的捕食者。在我们科罗拉多州的研究点，鹿和旱獭都遭到郊狼的捕食，狼被猎杀到灭绝之前，也是它们的捕食者。因此，在判断信息价值时，共同拥有重要的捕食者可能要比体型大小的悬殊差异更重要。信息即使是来自一个体型小得多的动物，也会有潜在的价值。长尾黑颚猴会对体型娇小的栗头丽椋鸟发出的警报叫声做出反应，这一事实凸显了这一结论，栗头丽椋鸟是一种在东非发现的色彩艳丽的鸟。尽管长尾黑颚猴的体型是椋鸟的63倍，但它们在空中和陆地上都有一部分共同的捕食者。长尾黑颚猴能够对椋鸟的警报叫声做出反应，这种能力肯定是学习的结果，因为这两个物种并不生活在共同的活动范围内。然而，它们的鉴别力都很强，都能够甄别不可靠的栗头丽椋鸟发出的报警叫声。

虽然孔雀的叫声能够用来寻找老虎，但是所有的生物都自然而然地会通过各种来源搜寻与风险相关的信息。但并非所有的来源都同样可靠。在采取行动之前，评估一个来源可能的准确性非常关键。获得有关风险的信息至关重要，即使是来自其他物种的信息也是如此。建立联盟，无论是通过演化而形成联盟，还是通过学习而建立联盟，都值得期待。因此，保持完整的动物群落可能对生态系统的稳定和物种的存续至关重要。关于恐惧在生态系统中的重要性，我们将在下一章中做进一步分析。无论如何，给人类的一个启示是，如果要评估恐惧事件的风险，就应该从所有面临类似风险的人那里收集信息。

第 9 章

级联效应

1962 年，我的导师及同事肯·阿米蒂奇（Ken Armitage）在落基山生物实验室开始研究旱獭。这是目前世界上持续时间最长的研究之一，研究人员一直在对非捕猎哺乳动物逐个进行标记做跟踪研究。这是一次极为珍贵的机会，通过观察这些动物，就可以了解环境和社会特征对种群动态的影响，包括与群体生活有关的代价和惠益。

2001 年我接手了落基山生物实验室旱獭项目的日常管理工作，当时我的近期目标是记录好旱獭 4～5 个月的持续活跃期，以及它们从长达 7～8 个月的冬眠中醒来后的行为。但我也意识到，旱獭似乎在应对捕食者方面有超强的适应能力。我的目标是深入研究，尽可能多地了解它们的反捕行为。

我在野外最快乐的时光是在 4 月和 5 月初，等待黄腹旱獭从冬眠中苏醒。能够在这样一个风景如画的地方滑着雪去工作，我觉得真是一种尊享待遇。冬春季节，东河上游河谷里没有机动车，也没有造雪机。冬天落基山生物实验室会留下几个值班人员，离克雷斯蒂德比特（Crested Butte）度假村只有 8 英里的路程，但这个地区大多无人居住，幽静寂寥。然后，4月份，大批旱獭会出现在这里。

一般情况下，我们早上6点左右滑雪到达旱獭的栖息地。然后我和我的助手们开始等待。我们团队的每个成员通常会单独工作。这样我们每天早上就可以巡视很多的旱獭栖息地。到中午时分，雪质往往会变软，雪会粘在我们的滑雪板和雪鞋的底部，就无法滑雪了。4月的早晨，万籁俱静，而且往往还春寒料峭。经历了在海拔1万英尺的山上极限滑雪之后，我们裹好衣服，坐上几个小时，不停扫视着我们猜测会有旱獭出现的洞穴上方的雪。有时我们会得到回报：一只旱獭在那个季节第一次从被大雪覆盖的洞穴中探出头来。从厚达2米的雪里钻出后，这只浑身湿漉漉的啮齿动物出现在刺眼的日光下，抖掉身上堆积了一个冬天的跳蚤。寒冷中，我们有时还会有同伴。像我们一样，郊狼和狐狸有时也会耐心地等在旱獭洞穴附近。然而，我们的目的却并不相同。我们希望看到的是旱獭的身影，而郊狼和狐狸则是在等待着一顿美餐。我曾看到一只狐狸从一个旱獭洞穴跑到另一个旱獭洞穴，给每一个洞穴都做了气味标记，仿佛在告诉它的同伴，“这些都是我的！”但是，郊狼才是春季里主要的捕食者。

春天里，我们经常在山谷中看到郊狼，它们身着华丽的冬装，毛发蓬松、光彩照人。这些会吠叫的犬科动物迎风而嚎，呼唤着同伴，宣誓领地主权。郊狼频繁猎杀刚刚出穴的旱獭。有时，我们看到郊狼动作神速，仿佛神兵天降一般，抓起一只毫无防备的旱獭。虽然我同情旱獭，但每次我看到自由自在的郊狼时都感到欣慰；再晚些时候，郊狼就会消失在茂密的植被中，了无踪迹。伴随着冰雪消融，山谷中的道路开始开放，游客、研究人员和居民纷至沓来，而郊狼则会避开我们。偶尔我们会在旱獭的某个栖息地周围看到它们，但在落基山生物实验室周围我们却看不到它们了。它们似乎很害怕我们。白天我们不再能听到它们的嚎叫声，甚至都看不到它们的踪影，大多数情况下是到晚上才能听到它们的嚎叫。这种对人类的恐惧给山谷带来了生态方面的影响。

本章中，我们将会了解到这些生态方面的影响。这些影响非常常见，不仅发生在我们科罗拉多的研究点，而且在许多栖息地也有发生。我们将在大黄石生态系统（黄石国家公园内及其周边）花一点时间，然后返回温哥华岛。我们还将前往澳大利亚内陆地区考察更多的动物。我们将了解围绕所谓的营养级联引起的一些争议。我们还将了解丧失捕食者给生态和行为所带来的影响，以及由此给野生动物保护所带来的挑战。最后，我们将把焦点转移到人类身上。我们对风险的认知对我们生活的地方有着重要的影响，还可能会影响社区凝聚力。

春天，迁徙的骡鹿离开它们在科罗拉多州阿尔蒙特三角洲州立野生动物保护区（Almont Triangle State Wildlife Area）的越冬地，前往亚高山谷地，在青翠的夏季植被上觅食，繁衍后代。到 5 月的最后一周，它们已经到达科罗拉多州的戈蒂克，这是我长期研究旱獭的地点。我和同事们发现，雌鹿更喜欢在位于戈蒂克镇上的落基山生物实验室周围产仔。这里过去曾是一个鬼城，现在是世界上首屈一指的高海拔野外研究站之一。一个由生物学家组成的国际团队就是在这里对山谷中的脊椎动物、植物、昆虫和微生物进行研究，长期收集数据。宠物被禁止进入实验室，游客和研究人员都尽量避免破坏正在详尽研究中的各类资源。

我的朋友和同事尼克·瓦泽（Nick Waser）与玛丽·普赖斯（Mary Price）是受过全面训练的生态学家，他们在实验室研究植物与传粉生物学。我和他们一道研究了鹿对该地区植被的影响。为了完成这项研究，我们收集了历史数据，并对鹿喜欢的植物做了一些新的实验。我们发现，由于鹿群数量的增加，在实验室所在地繁殖鹿群所喜爱的植物的成功率降低了。我们将郊狼的尿液放置在鹿群特别喜欢的盐块旁边，结果发现它们会躲开郊狼尿液周围去别处觅食。这表明，正是对捕食者的恐惧驱使它们来到实验点附近这一安全地带。无论是在实验点之内还是在实验点以外，缺乏捕食者是鹿给植被造成不同程度影响的最终原因。

捕食者不仅对猎物的分布和数量有深远的影响，对猎物的食物也有深远的影响，而且对其他捕食者的数量及其食物也有潜在的影响。在第 4 章中，我们看到了体型较小的捕食者如何害怕体型较大的捕食者，以及如何对它们的气味做出反应。生态学家认为这些行为是捕食所产生的直接影响。但是捕食也有间接的影响——捕食者通过中间物种影响另一个物种的分布或数量。例如，食肉动物（如猞猁）增多可能意味着食草动物（如北极兔）减少。其结果就是食草动物通常会吃的植物数量增加了。这种特定类型的间接效应，即“营养级联效应”，说明了一个物种的饮食变化是如何在整个生态系统中产生级联效应的。

我和瓦泽以及普赖斯在科罗拉多的野外考察站发现了一种通过郊狼和鹿产生的营养级联效应。人的出现吓跑了郊狼，于是鹿在这里食草和哺育幼崽时就少了天敌。鹿的存在仅仅导致了镇上的植被减少而已，它们喜欢在镇上食草。因而，某些（鹿喜欢的）植物受到了郊狼的间接影响。

达尔文可能是第一个正式认识到营养级联的人。他曾描写过家猫捕食老鼠所带来的影响：如果猫对老鼠放任不管的话，老鼠会吃蜂巢，从而影响植物与传粉者之间的相互作用，导致植物数量方面的变化。可以设想一下，如果把所有的猫都赶跑，老鼠的数量就会增加，植物的数量就会相应减少。因此，捕食者和被捕食者之间的相对丰度对其他物种也会有影响。在这种情况下，猎物的猎物（蜜蜂幼虫）也会影响授粉率，从而影响植物的繁殖成功率。

营养级联可以受到直接消费的驱动，比如猞猁吃野兔，也可以由对捕食的恐惧所驱动，这种恐惧影响了猎物对进食地点的选择。猞猁的线索会吓阻野兔，使其避开某些区域。例如，在那些如今没有野兔出没的地区，野兔喜欢的植被会茂盛起来。正如我们之前所看到的，猎物对许多捕食线索都会有相当大的反应，一旦发现这些线索，它们就可能会改变活动模式，刻意避开危险的区域。正如我们在第 3 章中看到的，当扎内特和迈克尔·克林奇（Michael Clinchy）播放捕食者的叫声时，这些叫声本身就足以降低歌带鹀筑巢的成功率。

在消失了 70 年之后，狼于 1995 年底重新被引入黄石国家公园。到 2016 年，狼的种群已经实现了快速的增长和扩散，联邦政府不再为狼提供保护。这一结果引发了一项针对顶端捕食者生态作用的全生态系统实验，并在联邦雇员、保护生物学家、生态学家和牧场主之间引发了一场激烈的争论。虽然一些生物学家表示，将狼重新引入黄石生态系统为营养级联反应树立了教科书式的范例，但这个问题究竟是由捕食者造成的还是恐惧造成的，还是二者兼而有之，人们还是莫衷一是，争议不断。

区分恐惧与捕食以及确定级联的驱动因素是很重要的，因为狼生活在牧场主们饲养牲畜的地区，并且那里有针对马鹿、驼鹿和鹿的大型狩猎活动。很明显，食肉动物靠捕食猎物而繁衍兴旺，但植被受到的广泛生态影响究竟是因为捕食者吃掉了食草动物导致其数量减少造成的，还是由于捕食者引发的恐惧改变了猎物的分布和繁殖成功率造成的？恐惧本身就能减少种群规模并改变种群行为。但猎手们也通过猎杀和食用野生动物改变这种动态，而且牧场主也发现他们的牲畜被野生食肉动物所猎杀。批评人士指出，如果狼对牲畜和马鹿的数量带来了重大惩罚性后果，那就应该承认这一点。

在耶鲁大学生物圈研究所（Yale Institute for Biospheric Studies）主

办的一次会议上，我亲眼见证了这场辩论。在讨论大型食肉动物对陆地生态系统的影响时，我应邀请以“猎物”的身份发表演讲。在两天半的会议期间，我从一位国际知名的食肉动物专家那里了解到了食肉动物对全世界生态、社会和政治的影响，受益匪浅。

时任美国鱼类和野生动物管理局（US Fish and Wildlife Service）局长的丹·阿什（Dan Ashe）首先发言，讲述了他从狼的重新引入中得到的启示。他的讲话是我听过的政府机构负责人最为真诚和最具自我批评的讲话之一。他说，如果再来一次，他不太会担心狼的问题（这点做得很好，因为狼的种群有迅速增加），而会更担心狼与牧场主和群落的关系（这种关系仍然很紧张）。在人类主导的格局中，与食肉动物共存是一项政治和社会挑战，部分原因是我们对食肉动物的恐惧和厌恶。毕竟，恐惧是有后果的！

关于营养级联是否可以由恐惧驱动的辩论从会议的第一天就开始了。黄石狼放归项目的长期负责人道格·史密斯（Doug Smith）是第一位发言者。史密斯总结了在人类生活和工作的地方让大型食肉动物复归所带来的挑战以及所获得的一些成功经验。美国地质调查局研究员、怀俄明大学教授马特·考夫曼（Matt Kauffman）是参与讨论的小组成员。他对恐惧介导的级联反应证据做出了评论。他的研究使他相信这种机制（恐惧或捕食本身）真的很重要——因为恐惧在某种程度上意味着食肉动物并没有猎杀动物，毕竟它们必须猎杀才能生存。

俄勒冈州立大学（Oregon State University）的威廉·里普尔（William Ripple）和罗伯特·贝施塔（Robert Beschta）是最早一批对现有所有证据进行全面研究与梳理的学者，他们的研究证明，恐惧本身可以影响群落结构。作为研究食肉动物对生态影响方面的专家，比尔*

* 英语中，比尔（Bill）是威廉（William）的昵称。此处的比尔就是指威廉·里普尔。——译者注

也是保护食肉动物和其他巨型动物方面的领袖人物。这些物种对世界各地的生态有着巨大的影响。比尔和贝施塔在开始阶段回顾了历史上狼是如何出现的，之后消失了大约70年的时间，然后随着黄石公园的重新引进而再次出现的历程。这项大型的自然实验有助于阐明营养级联的破坏和恢复。

他们关注的营养级联是狼对马鹿的影响，以及马鹿对土壤和木本植物，如柳树和颤杨树这两种马鹿冬季的首选饲料的影响。他们对一系列研究进行了总结，结果表明，若没有狼的介入，柳树和颤杨树在围栏外是无法生长的。他们还汇总了颤杨和棉白杨的年轮数据。通过截取一段比较细的树枝，计算每年的生长轮，可以对树木进行测龄并研究其生长状况。生长年轮较宽意味着这一年雨水充足；生长年轮较窄则意味着这一年年景较差。他们注意到，当狼出现以后，颤杨和棉白杨的数量减少了。

狼重新放归15年后，黄石地区已形成了狼群。他们收集了颤杨和棉白杨的新数据，并对收集到的证据进行了仔细研究来分析狼、马鹿和木本植物之间关系。他们发现，虽然在狼重新放归后不久，所有的颤杨都被有蹄类动物啃食，但在一些地方，啃食程度却在狼重新放归数年后急剧下降。对颤杨幼苗啃食减少了，颤杨也长得更高了。比尔和贝施塔还注意到，狼放归后，河狸种群增加了，柳树数量增加了，在靠近河流和小溪的河岸地区觅食的情况减少了，马鹿种群减少了。他们对黄石地区进行的一系列研究进行了汇总，结果表明，在放归狼之后，马鹿的行为发生了变化。它们变换了栖息地，避开了河岸；改变了活动模式，增加了群体规模来减少被捕食的风险，反捕食警惕性也提高了。

比尔和贝施塔认为，这些结果说明了一种典型的营养级联反应，即狼群越多，马鹿越少，马鹿的行为会随之改变，随之而来的是马鹿的食物——木本植物相应增加。他们指出，一开始，恐惧对马鹿行为的影响可能更为明显，后来才开始关注狼群带来的马鹿数量减少。

最后，比尔和贝施塔在他们的研究中发现，随着河岸柳树的生长，鸣禽的多样性和数量已经开始增加。他们认为，河滨植被的恢复使河堤更加牢固，河狸在河堤上踏出了小径，土壤流失随之减少，这些对溪流的水质产生了实质性影响。他们总结说："与大型捕食者相关的捕食和捕食风险似乎代表了强大的生态力量，不仅会影响到生态系统的结构和功能，而且还会影响到众多动植物间的相互关系。"

在我看来，这项研究和分析相当到位，那么为什么考夫曼会如此强烈地认为情况恰恰是相反的呢？考夫曼和杰一样，在怀俄明（Wyoming）北部度过了很多个冬天，冒着零度以下的气温研究马鹿的行为和生态。为了研究恐惧效应的强度，考夫曼和他的同事采用与比尔和贝施塔类似的技术，对颤杨进行了系统的调查。考夫曼还认真分析了其他可能能够解释颤杨生长和分布变化的假说。

考夫曼和他的同事们首先从逻辑的角度出发，提出了一个质疑：在大片土地上捕猎的狼是否足以让猎物（如马鹿）产生持续性恐惧，甚至于强烈影响到猎物的行动？这种质疑切中要害，因为一些评论和研究表明，只有当捕食者被局限在非常小的范围之内，以米为单位做出在哪里觅食的行为决定的时候，这种行为方面的影响才最为强烈。他们强调，在陆生级联研究中，狼在其地盘上的活动轨迹比在许多其他系统中所看到的要远。他们还指出，在过去的几十年里，整个美国西部山间地区颤杨的数量都在减少，而马鹿与这种大范围的减少有一定关系。在1872年创建国家公园之前，马鹿和狼的种群数量都相当少。事实上，管理人员对马鹿给植被造成的破坏非常担心，为此制定了年度马鹿捕杀计划，这个计划一直持续到1969年才终止。

考夫曼和他同事们使用了10年来狼猎杀鹿的地点的数据，精确地描绘出所谓的恐惧版图。而且，重要的是，他们关注的是公园的另一部分（北区），而不是比尔和贝施塔开展研究的地方。根据他们绘制的马鹿被狼猎杀的详细地图，他们估计马鹿遭捕食的最大风险区域是在河岸地区。

许多有关大型食肉动物驱动的级联研究都是基于"自然"实验，并且是相互关联的，也就是说，它们都是遵循了自然状态中的模式。与此不同，考夫曼和他的同事也进行了一项实验。他们建造了一连串的围栏把颤杨树保护起来，这样就不会被马鹿啃食。他们发现，如果没有这种保护，颤杨幼苗树干就无法生长，而在围栏保护范围内，颤杨幼苗就能长成高大的颤杨树。这个实验排除了对观察到的模式的其他解释。这个实验最重要的发现是，马鹿有可能遭猎杀的地方与马鹿给未受保护的颤杨树苗带来的啃食压力之间并没有关系。这一发现表明，马鹿对风险的变化并不敏感，颤杨幼苗树干在高捕食风险地区存活和生长的可能性也并非更大。他们的全面研究精心设计实施，结论证据充分。他带领团队所做的这个实验，所用的时间不长，规模较小，但是其结论与恐惧驱动颤杨和棉白杨丰歉变化的相关证据截然相反。

考夫曼和他的同事们证明了他们所做的决定是正确的，这些决定在一些细节上与比尔早前的研究不同。我认为我们必须接受他们的结论，因为他们的结论的确是对他们研究点 10 年间所发生的事情做出了准确的总结：马鹿为应对狼而改变了自己的行为，并导致了颤杨的减少；而狼的重新放归并没能拯救颤杨。的确，在他们的研究点，他们没有找到营养级联的证据。更重要的是，在他们的研究点，他们也没有找到恐惧影响了马鹿、马鹿又危害了颤杨生长这一连锁反应的相关证据。

考夫曼和合作者最近的研究发现，当马鹿生活在狼群附近时，它们在栖息地选择方面相当老练。狼在一天中固定的时间段捕猎，而马鹿会在狼捕猎时段内避开狼捕猎的区域。这就形成了一种高度动态的恐惧场景。作者认为，马鹿会在一天中的安全时段在危险的栖息地觅食。他们认为，这也正是他们在研究中没有找到行为介导的营养级联证据的关键所在。

那么，如何看待这些各不相同的研究和这场争论呢？我们知道，营养级联在陆生和水生系统中都很常见，但捕食者对营养级联的驱动力量可能会随着时间和空间的不同而有些差异。我们知道恐惧会影响一个物种的繁殖成功率，扎内特和克林奇对鸟类的研究已经向我们揭示了这一点。我们还知道捕食者的密度对猎物的数量有着深远的影响。

我认为，比尔和贝施塔的研究，再结合考夫曼和他同事的研究结果，表明黄石公园生态系统随着空间和时间的不同而呈现出不同变化。狼的重新放归这项伟大的实验推动了生态系统某些部分的级联，但也有可能其他因素在生态系统的其他环节发挥了更为重要的作用。恐惧可能在某些地方扮演着重要的角色，而最近的这些研究也表明，马鹿在避开危险区域方面是多么的老练。伯杰的研究告诉我们，行为上的反应可能当场发生，并可能释放已经很大的捕食压力。我认为未来的研究需要更精确地评估恐惧对有蹄类动物分布和数量的相对影响。收集更多的数据同样会告诉我们直接捕食对有蹄类动物分布和数量的相对影响。

虽然在黄石公园展开的有关恐惧影响的研究可能有争议，但在加拿大温哥华岛附近的岩相潮间带展开的研究并不存在任何争议。目前有大量关于消费驱动的海洋营养级联的文献，克林奇、扎内特和当时还是研究生的贾斯廷·苏拉奇（Justin Suraci）发现了一种基于恐惧的级联，这种级联在水生和陆生环境中都能发挥作用。

几年前，我在访问克林奇他们的鸟类实验点时，我们就开始考虑如何向浣熊播放捕食的声音。在湾区的这些岛屿上，浣熊以螃蟹为食。可以想象，在有浣熊的地方，螃蟹和潮间带鱼类都比较少。看着成年浣熊踮起脚尖，弓着背，腹部的毛发被海水浸湿，在退潮时把色彩鲜艳的螃蟹从潮间带的岩石上拉出来吃掉，这相当有趣。我们向浣熊播放了一种捕食者的叫声——我们用的是狗的吠叫声——浣熊停了下来，四处张望。猜对了！在此基础上，苏拉奇、克林奇、扎内特和其他同事把扬声器悬挂在树上，将狗的吠叫声（一种潜在的浣熊捕食者）与对照声音（港海豹和北海狮的叫声）一起播放，每次播放一个月时间。克林奇是一位非常了不起的现场技术专家，他参与了这项实验，他们使用了延时录像机来跟踪实验结果。

他们发现，当狗吠叫的时候，浣熊会抬头看，减少觅食，或者逃离潮间带。在播放这些回放的环境中生活了一个月后，还可以观察到浣熊有同样的反应，但这些反应导致浣熊在潮间带花费的时间减少。一个月后，潮间带螃蟹增加了 97%，潮间带鱼类增加了 81%，潮间带多毛虫和潮下带黄道蟹也大量增加。此外，由于螃蟹与杜父鱼这种特殊的鱼类有竞争，螃蟹数量的增加与鱼的数量的减少有关。由于潮间带螃蟹以厚壳玉黍螺为食，随着螃蟹数量的增加，螺的数量减少。这些结果足以证明，对大型食肉动物的恐惧对多重营养级联产生了影响，并首次证明对陆生捕食者的恐惧可以驱动水生生态系统的强弱变化。

战争也会带来营养级联效应。1975 年从葡萄牙（Portugal）独立后不久，莫桑比克（Mozambique）就陷入了一场长达 15 年的血腥内战。大型食草动物被人射杀充饥，食肉动物遭猎杀，还有相当多的大型非洲猎物遭非法捕猎。这种生态影响一直持续到今天。1960 年建成的戈龙戈萨国家公园（Gorongosa National Park）也未能幸免于暴力和非法狩猎。据估计，公园 90% 的大型动物都消失了。这几乎涵盖了所有的大型食肉动物。2004 年，美国慈善家格雷格・卡尔（Greg Carr）首次访问该公园，发现这个公园还有可能重建。卡尔与莫桑比克政府经谈判达成协议，并与当地人合作，开始保护公园免遭进一步的偷猎，并重新引入当地已灭绝的食草动物。科学在复建公园方面发挥了至关重要的作用，他咨询了生态学和保护生物学领域的多位领袖人物。正如你可能已经意识到的那样，捕食者很少但猎物数量不断增加的情况可能会对景观产生影响，这样的系统不仅提供了研究营养级联的机会，还提供了梳理解析形成营养级联的直接和间接影响。

贾丝廷・阿特金斯（Justine Atkins）当时还是普林斯顿大学（Princeton University）的一名研究生，她和导师罗伯特・普林格尔（Robert Pringle）以及一组同事抓住了这个机遇。他们专注于薮羚，在有很多食肉动物的地区，这种羚羊喜欢完全生活在森林之中。然而，在没有受到捕食者威胁的地区，薮羚会冒险走出森林，在更开阔的河岸栖息地寻找更优质的食物。阿特金斯和她的同事们能够通过实验改变薮羚的分布和饮食，并通过这种方法确定一个恐惧驱动的营养级联。他们播放捕食者的声音，并放置大型捕食者的粪便和尿液，然后用 GPS 项圈跟踪薮羚，每 15 分钟记录一次每只薮羚的精确位置。对照薮羚经历过的非捕食性刺激，在空间的利用方面，薮羚会避开有捕食性刺激的区域。此外，当捕食性刺激出现时，那些在更为开阔栖息地（刚巧有更高质量的食物）的薮羚往往会转移到有树木的地方。这些连同其他结果一道表明，内战期间肉食动物的大量死亡改变了营养级联，这样一来，一些食草动物就迁移到之前对它们而言充满风险的地方去觅食，吃到了之前很少接触到的植被。

营养级联存在于许多互不相同的环境中，人类的干预，无论是否经过了周详的计划，都有助于我们识别这些营养级联。我的朋友及同事迈克·莱尼克（Mike Letnic）在新南威尔士大学（University of New South Wales）工作，他是一位非常富有创造力的生物学家，也是一位狂热的渔夫和博物学家，有着源源不断的各种想法。和莱尼克一起在野外做研究让我对恐惧的本质有了新的深刻认识。他进行了一项引人注目的实验来研究营养级联。这项实验建造了近 3 500 英里长的野犬围栏，防止野狗进入南澳大利亚部分地区，基本上包括了整个新南威尔士州（New South Wales）和昆士兰州南部。

澳洲野犬要么是狼的一个亚种，要么就像莱尼克所说的那样，是狼的后代，有自己的分类。澳洲野犬可能是在 3 000～5 000 年前与人类一起从新几内亚（New Guinea）来到这里的。不管它们来自何处，澳洲野犬是澳大利亚栖息动物中的“次新居民”。另一方面，人类在澳大利亚至少有 5 万年的历史，他们对当地的生态影响已经有了充分研究。野犬来到澳大利亚大陆后，造成了袋狼（一种像狼一样的有袋类动物）和袋獾的灭绝，目前袋獾仅存于澳大利亚的一个离岛塔斯马尼亚岛上。野犬围栏（也被称为防狗围栏）建于 19 世纪末，目的是防止野犬进入澳大利亚东南部的牧羊区。我猜想，人们可以说这道栅栏已经达到了它的目的——野犬无法越过栅栏。但是，在仅有 1.8 米高的地方，狐狸、猫、兔子和袋鼠都可以毫不费力地跨过金属网围栏。

虽然袋鼠和其他有袋类动物原产于澳大利亚，但 19 世纪欧洲赤狐、猫和兔子的引入给澳大利亚动物群带来了灭顶之灾。澳大利亚是世界上近期哺乳动物灭绝记录最严重的国家之一：有超过 20 种哺乳动物因遭狐狸和猫的捕食而灭绝。野犬非常善于捕杀狐狸。事实上，体型较大的捕食者消灭其竞争者很常见——生态学家称之为“共位群内捕食”。这种共位群内捕食使得围栏的北部，也就是野狗多的那一侧狐狸数量很少。

莱尼克和我，还有另一位澳大利亚朋友、杰出的环境保护科学家凯瑟琳·莫斯比（Katherine Moseby），一起徒步比较了围栏两边的动物活动踪迹。在围栏没有野狗的一侧，基本上没有小型哺乳动物的踪迹；狐狸和猫把它们都吃掉了。后来，莱尼克给我看了一些他研究时在不同地点拍摄的野狗围栏两边的照片。这些照片记录了围栏两边植被的明显差异。野狗是袋鼠和兔子的捕食者，有野狗出没的地方，植被覆盖更为茂盛。在没有野狗的地方，植被明显稀少。进一步的研究证实，由于野狗的捕食，在野狗围栏两侧对应地块上的哺乳动物群落也有所不同。

莫斯比和她的丈夫约翰·里德（John Read）在南澳大利亚的干旱地区进行了一个神奇的实验。在世界最大的铀矿和世界第四大铜矿所拥有的土地上，诞生了干旱复苏（Arid Recovery）组织。他们创建的这个非营利组织（但目前已不再经营*）保护和恢复了当地的生物多样性。莫斯比和里德搭建了一个面积为 123 平方公里（1 平方公里 =1×10^6 平方米）的防食肉动物围栏。保护区被划分为不同的围栏围场，大多数规模为 25 平方公里。他们在完善了围栏设计，确保捕食者无法进入之后，就开始引进动物，包括那些在澳大利亚大陆已经绝迹的动物。

穴居的草原袋鼠属于鼠袋鼠科，体型像猫一样大小，是唯一会挖洞的大袋鼠属有袋动物。20 世纪，这些伶俐可爱、高度群居的动物在整个澳大利亚大陆被狐狸和猫赶尽杀绝，仅剩 3 个已知的种群尚存于澳大利亚西部海岸外的小型岛屿上，这些岛屿基本上没有什么捕食者。这些种群成为“干旱复苏”组织准备引进的动物来源。最初的 28 只外来动物在没有陆生捕食者的情况下迅速成长为一个数量大约为 8 000 只

---

* 根据《澳大利亚商业报告》（Australian Business Report），“Arid Recovery”的组织类型从 2009 年 7 月 1 日起已由非营利组织登记为“Australian Public Company”（澳大利亚上市公司），组织名称改为“Arid Recovery Limited”，不过仍旧保留着商业名称“Arid Recovery”。凯瑟琳·莫斯比博士担任该公司的首席科学家。参见：https://abr.business.gov.au/Abnhistory/view?id=62135841904 与 https://aridrecovery.org.au/about-us/。——译者注

的大种群。正如所料，在不受捕食者约束的情况下，草原袋鼠迅速吞噬了所有的植被。莫斯比和里德将一个群体转移到别的围栏之中，另一个群体转移到围栏外。一旦离开防捕食围栏，这些动物很快就被消灭了，可能是被猫还有野狗吃掉了。

莫斯比将下一个实验重点放在兔耳袋狸身上，这是一种形似小猪的生物，有巨大的长耳朵，像匹诺曹一样的长鼻子，像橄榄球一样的体型。她使用了一种厌恶性预释训练，类似于格里芬训练尤金袋鼠的方法（我们在第 7 章中讨论过）。莫斯比和她的同事们训练袋狸对看到猫或猫的嗅觉分泌物做出厌恶反应。她使用的一个关键指标是，在一个洞穴中发现捕食性线索后，袋狸是否会活动更频繁或变换洞穴。袋狸在接受训练的没有捕食者围栏中表现出了这两种反应。她把 10 只接受过训练和 10 只未受过训练的袋狸放出围栏，放到一个猫和狐狸可以自由生活的地方。她发现，两组袋狸在洞穴的使用和活动方面没有任何区别。她由此得出结论，通过训练改变动物反捕行为的实验没有效果。

由于在非自然环境中训练动物改变行为的实验未达到预期，莫斯比联系了我，建议我们应该让自然选择来决定哪些动物可以被放出围栏。换句话说，她考虑让这些圈养的动物和几只猫一起生活，然后再重新引入那些幸存者。我对这种做法的伦理原则提出了质疑，因为我没有意识到“干旱复苏”的围场规模是如此之大。我们花了大约一个月讨论各种可能性，一致认为我们都从内容丰富的对话中学到了很多。她问我是否愿意加入她和莱尼克的行列，加入她正在制定的一项计划来测试这些想法。我毫不犹豫地抓住了这个向她学习的机会。

在最初开始通信两年后，我们沿着“干旱复苏”的围栏走了一遍。与野犬围栏不同，这个围栏更高，而且顶部柔软而且下卷，可以防止狐狸和猫攀爬进去。野犬围栏很方便地将“干旱复苏”围场一分为二，这样我们就可以亲眼看到生态效应。在野犬围栏没有野犬但有很多狐狸的那一边，没有其他小型哺乳动物（除了兔子）的脚印，但在“干旱复苏”围栏里边，我们发现了很多脚印。在野犬围栏的北面，有一些脚印，但同样，在“干旱复苏”围栏里边，我们看到了很多脚印。由此看来，围栏似乎是澳大利亚饲养草原袋鼠、兔耳袋狸和其他小型哺乳动物的一种行之有效的方法。然而，从长远来看，对于数量不断增加的草原袋鼠和兔耳袋狸而言，采用围栏这种做法是不可持续的。如前所述，草原袋鼠会过度消耗围栏内的自然资源。兔耳袋狸的数量增加后也会是如此。做这组新实验的目的就是希望观察一下，把动物暴露于捕食者（在这个案例中是猫），是否足以让这些动物为围栏外的生活做好准备。

我们把这个过程称为“原位捕食者训练”，因为我们允许学习（可能还有自然选择）或多或少地发生在自然环境中。经过5年的研究，我们发现草原袋鼠和兔耳袋狸在猫密度比较低的环境中能够茁壮成长，生活在这种环境中，它们的反捕行为会增强。从记录上看，猫捕食的动物数量很少，所有这些行为变化都是由对猫的恐惧引起的。虽然我们无法跟踪个体，也不知道这些动物遇见猫时的具体情况，但我们可以假设草原袋鼠和兔耳袋狸与猫有过接触，这些经历改变了它们在猫身边的行为方式。具体来说，我们发现与猫生活在一起提升了草原袋鼠分辨食肉动物与非食肉动物气味和外观的能力。它们也因此变得更加谨慎。可见，生活在恐惧环境中可能会让这些物种为围栏外的生活做更充分的准备——这是我们正在积极验证的一个正式假说。

这种原位接触感知到的威胁对人类是否会有帮助？根据我在实验中看到的情况，这也许值得思考。毕竟，我们看到了动物的恐惧带给生态的影响，这与我们在社会中观察到的并无二致。避开某些被视为危险社区的做法会导致该区域人口减少，进而导致该区域生产力下降。但为什么有些社区会引发恐惧？有合乎情理的理由吗？

目前的犯罪统计数据可能是引发恐惧的一个因素，而这似乎是一个理性的反应。我承认，在现代社会中，绝大多数的犯罪并不像捕食薮羚那样最后都会导致死亡，但对暴力的恐惧是一种健康的反应，这种反应即使不能保护我们的生命，也会保护我们的资源和健康。我们已经弄清楚了，我们有一套精心准备好了的神经化学反应，确保我们又活过了一天。这些反应往往会帮助我们避开一些致命的遭遇。因此，我们不得不承认我们很像薮羚！

但有时我们仅仅是恐惧那些与自己不同的人，无论这些“其他人”是不同肤色的人还是来自不同社会经济背景的人。正如罗伯特·萨波尔斯基（Robert Sapolsky）在《行为》（*Behave*）一书中所写的那样，我们已经准备好创造他所谓的“我们与他们”分类。这种分类可能是基于国籍、运动队、大学、联谊会、宗教、性别或种族。这些分类是人类经验的一部分，并导致了部落主义的出现。

接触那些我们害怕的人能让我们免于部落主义思想的影响吗？社会学家多年来一直在研究影响社区凝聚力的因素。罗伯特·帕特南（Robert Putnam）的《独自打保龄》（*Bowling Alone*）一书是必读之作。他描述了我们是如何变得孤独和恐惧的，并分析了对社区凝聚力和社会功能的负面影响。还有一些研究专门关注于种族多样性和可感知到的恐惧。

种族多样性对社会凝聚力的影响非常复杂，似乎取决于人们对其他群体是否具有威胁性的最初判断。不幸的是，如果认为其他群体具有威胁性，那么增加与这个其他群体的接触可能会让人变得更加多疑，反而会降低社会凝聚力。一项研究表明，对于那些社会经济地位较低的人来说，这种情况会得到强化。该研究推测，不是多样性本身，而是不平等强化了对来自他人威胁的感知。显然需要更多的研究来找寻减少部落主义和消除歧视的途径，以建设更有凝聚力和更少恐惧感的社会。也许当我们真正了解了我们对深感恐惧的事物产生恐惧感的原因之后，就会萌生出新的见解。

中产阶级和富有的房产拥有者的恐惧可能会导致从计划中的中产阶级化到社区转型这一过程滞缓。也许影响这一点的不是当前的犯罪统计数据，而是针对过去犯罪统计数据的记忆，即过去那些掠夺行为所留下的阴影。睿智的投资者能够将当前风险与历史风险区分开来，因此，往往可以看到自己的投资收益扶摇直上，赚得盆满钵满。

我和贾尼丝刚搬到洛杉矶（Los Angeles）的时候，对洛杉矶骚乱还记忆犹新。我们想看看卡尔弗城（Culver City）的房子，当时那里的房子我们还买得起，有不错的学校，距离加州大学洛杉矶分校也只有大约 5 英里。我们的房地产经纪人吉姆（Jim）劝我们不要去卡尔弗城，说是我们想去的地方距一个有塔吉特（Target）商店的大型购物中心只有 3 个街区。“还记得《纽约时报》（*New York Times*）上那张熊熊燃烧中的塔吉特的照片吗？”他问道。

不论是过去还是现在，卡尔弗城的那个区都是一个很适宜的家庭社区。大家彼此相识，孩子们成群结队地在各家各户之间游玩嬉戏。这种场景在洛杉矶很少能见到。现在这个地方挤满了在硅滩（Silicon Beach）工作的高薪人士。硅滩是距卡尔弗城这一地区不远的科技中心。这些科技工作者推高了房地产价格。如果我们当时在那里买了房子，不到 20 年，我们的房产就会增值三四倍。我们让过去对危险环境的恐惧蒙蔽了对当前风险的认知。

正如我们在黄石国家公园、温哥华岛附近的小岛、莫桑比克和澳大利亚内陆看到的那样，恐惧对群落产生了诸多的级联效应。尽管这些影响往往是由捕食引起的，但对捕食者的恐惧本身可能会产生各种后果，包括猎物改变其活动模式（我们在黄石公园马鹿身上看到的情形），减少对后代的投入（我们在歌带鹀身上看到的情形），以及对觅食地点的选择产生影响（我们在浣熊身上看到的情形）。

我们的恐惧，无论是真实存在的还是感受认知到的，都会影响到我们对住址的选择，也许还会影响到我们的所作所为。我们对狼等大型食肉动物的极度恐惧和厌恶，威胁到它们的生存，致使它们几近灭绝，并改变了它们置身其中的生态系统。然而，每年死于车祸的人比死于地球上所有食肉动物的人都要多。为什么无法容忍与大型捕食者共存，却坦然接受车祸的风险？在下一章中，我们将了解为什么我们会对某些威胁反应过度而对其他的威胁却反应不足。

第 10 章

将成本降到最低

我第一次见到雷夫·塞格林（Rafe Sagarin），是在我做了一个有关捕食行为的演讲之后。他是一位海洋生态学家和富有远见卓识的思想者。除了在加州大学洛杉矶分校环境与可持续发展研究所（UCLA Institute of the Environment and Sustainability）的工作和教学，塞格林还在美国国家生态分析与综合中心（National Center for Ecological Analysis and Synthesis, NCEAS）成立了一个工作组，专门研究“达尔文主义国土安全”（Darwinian Homeland Security）这一主题。美国国家生态分析与综合中心曾是一个主要由政府资助的智库，总部位于圣巴巴拉（Santa Barbara），任务是增加对生态的了解。塞格林还是华盛顿哥伦比亚特区（Washington, D.C.）的美国国会科学会士（Congressional Science Fellow），“9·11”事件之后，他意识到国会大厦和周边区域存在安全隐患，因此很容易遭到攻击。他试图从 40 亿年生命历史中获得的启示来完善安全系统。他在《外交政策》（*Foreign Policy*）杂志上发表了一篇文章，阐述了他思想的基本逻辑，这逐渐发展成了我们后来所说的自然安全领域。

在第一次会议上，我们做了自我介绍。小组成员包括一位曾获得麦克阿瑟奖（MacArthur Fellowship）的古生物学家、一位演化心理学领域的共同创始人、一位拥有动物学和政治学博士学位的同事、一位研究自杀性恐怖主义的专家，以及一位从军官转为生物武器检查员、再转为非政府组织调解员的人。我满怀期待，渴望从这个成员背景各不相同的群体中尽可能多地汲取知识。塞格林刚刚读过一本书，讲的是如何举办没有预设议程的会议，让与会者一起创建自己的议程。因此，我们开始广泛地讨论我们在接下来的几天里想要讨论的内容。

通过协同讨论，我们创建了自然安全这个高度综合的领域。我们努力的成果后来被收录在《自然安全》（*Natural Security*）一书中。该书由塞格林和特里·泰勒（Terry Taylor）编著，2003 年之前泰勒曾在伊拉克担任生物武器核查员。许多与会者都撰写了一些章节。后来，塞格林又写了一本名为《章鱼的启示》（*Learning from the Octopus*）的书。这本书记录了我们多次讨论中的精华，并将它们整理成一份清单，用于打造具有弹性和适应性的系统和计划。

塞格林后来搬到了亚利桑那州（Arizona）的图森市（Tucson），在沙漠中间打造了一个珊瑚礁，主持了“生物圈 2 号”（Biosphere 2）* 的一个项目。他继续领导着我们扩大后的自然安全小组，我们继续进行合作。2015 年 5 月下旬一天的下午 4 点 50 分，塞格林给我发了一封电子邮件，这是我们合作撰写的一篇论文的倒数第二稿。然后他骑上自行车去兜风。大约 20 分钟后，他被一名醉酒驾车的司机撞倒身亡。他的去世所带来的损失难以言喻。他是一位才华横溢、统揽大局的思想

* “生物圈 2 号”是美国在 20 世纪 80 年代开始建造的一座全封闭的微型人工生态循环系统，希望通过模拟地球生态，探寻维持地球生态与应对地球生态危机的解决方案，促进人类对自然和人造环境的理解。虽然由于种种原因，该项目以失败而告终，但从规模、技术难度和复杂程度以及所取得的成果来看，该项目无疑会在人类科学史上占据重要地位。由于地球被视作是“生物圈 1 号”，因此科学家们将该项目命名为“生物圈 2 号”，以示区别。——译者注

者，也是一位杰出的科学传播者。他还有许多伟大的想法和项目未能付诸实施。但他在这个领域的领导地位将会在自然安全领域延续下去，在他为人们建立起的人际网络以及与人们建立的联系中传承下去。

在国家生态分析与综合中心会议上，我经人引荐，结识了多米尼克·约翰逊（Dominic Johnson）。约翰逊就是前面提到的那位拥有双学位的政治学家，他热衷于从人类和动物行为、神经科学和决策理论中汲取各种真知灼见。约翰逊博识多闻；古往今来的战争，狗獾（欧洲獾）的地域性、正向错觉，或是人类会一再创立宗教的原因，他都信手拈来。正是因为对不同领域的广博知识，他才能有很多独到新颖的见解，其中就有关于我们做出决策的方法。针对他有关人类过度自信与战争之间关系的理论，我们将在本章稍后讨论其重要性。在加州大学洛杉矶分校的学术休假期间，约翰逊有一间办公室离我不远。喝咖啡时，我们会在各自的白板上写下一个大纲，把来自完全不同领域的理论和实证结果联系在一起。错误管理理论（EMT）旨在通过数据帮助我们理解一个人在具体情况下的行为方式，强调长期成本最小化的重要性。在分享各种数据的过程中，约翰逊和我惊讶地发现，最优的决策往往包含对世界真实本质略带偏差的判断。

加州大学洛杉矶分校的马尔蒂耶·哈兹尔顿（Martie Haselton）是错误管理理论（又称信号检测理论）的权威。信号检测理论假设有两种方法会导致检测错误：一是没有发现存在风险的事物，比如一只鹰，这被称为假阴性错误；二是对一些不存在风险的东西做出了恐惧反应，比如一只表面看起来像鹰的鹫，而这样你就犯了一个假阳性错误。重要的是，当你减少了犯一种错误的机会，你就增加了犯另一种错误的可能性。原因在于检测决策涉及设置所谓的检测阈值。如果你太过挑剔，你永远都不会犯错；你不会犯任何假阳性错误，不会把鹫误判为鹰，但你不可避免地会错过这其中的一些东西，从而犯假阴性错误

（你会错过一些鹰）。从根本上说，信号检测理论强调假阳性和假阴性错误之间无法避免的权衡。

错误管理理论使我们能够理解不确定性下的决策。（那个快速移动的物体是捕食者吗？我是否应该停止觅食？因为我闻到了捕食者的气味，它可能在这里。）由于几乎所有的决策都是在一定的不确定性下做出的，错误管理理论帮助我们理解为什么我们会做出这样的反应。哈兹尔顿以此来解释两性在评价彼此时存在系统性差异的方式与原因。例如，男人是否总是高估女人对他们的性兴趣？作为一流的演化心理学家，她揭示了一个的迷人故事：性吸引力是如何在不知不觉中被传达和感知的。她研究了女性在整个排卵期行为的细微变化（例如，排卵期的女性会改变她们的穿着方式，更有可能穿着红色衣服），她一直在试图将错误管理理论的逻辑应用到新的问题上。

哈兹尔顿与共同作者丹尼尔·内特尔（Daniel Nettle）发表了一篇标题恰如其分的评论——《偏执的乐观主义者：认知偏见的综合演化模型》（*The Paranoid Optimist: An Integrative Evolution Model of Cognitive Biases*）。他们以两条相互矛盾的民间谚语开场："小心驶得万年船"和"舍不得孩子套不得狼"。第一条谚语代表了一种保守策略，而第二条则不那么保守。就对风险的一些判断而言，我们是应该保守地高估风险，还是漫不经心地低估风险？回忆一下第 8 章中紧张的内莉和沉着的露西。这些旱獭有不同的决策阈值。最理想的动物，无论是人类还是非人类，都应该以最大限度降低犯错成本的方式行事。

理论模型表明，在面对饿死或被捕食风险的权衡和有关真正的捕食风险信息不完全时，保守（即高估风险）可能是最优策略。这样做能将躲避捕食者的代价降到最低。但如果把所有的东西都当成捕食者，也许就像紧张的内莉，看到一片落叶都发出报警，也不会是一个很好的策略。过高估计风险的代价高昂。在饿死或被捕食的两难抉择中你会饿死，因为你永远不会离开安全的洞穴或安全的掩蔽物。但我们应该如何确定最优风险程度呢？

正如第 8 章中所讨论的，许多自身免疫性疾病的定义是，过度活跃的免疫系统对身体面临的每一项挑战都做出反应，将其视作是对生存的威胁。同样，在更大范围内也是如此，当一个国家对另一个国家的威胁做出过度反应时，就会陷入代价高昂的战争和难以摆脱的困境。无论是面对毛茸茸的捕食者还是掠夺成性的国家，都应该分配最优的时间和精力来抵御威胁，而且在大多数时间和各种情况下，做出正确的选择都是必要的。事实上，自然安全领域常说的一句话是，我们周围都是对威胁做出正确评估的个体的后代。

为了测试在不同情况下进行评估的想法，假设你正走在哥斯达黎加雨林中的一条小路上，树枝不断地掉落下来，你正走着，低头看到一个长长的圆柱形物体，这个物体并不是完全笔直的。这是一根树枝还是一条蛇？如果是在纽约市的一条大街上，你立刻会认为那是一根枝条，把它踢到路边。你应该是对的。但在哥斯达黎加，生活着许多致命毒蛇，误判的后果会更加严重。我自己也经历过这种情况，尽管是在一个稍微不同的环境之中。我独自一人徒步穿越马来西亚半岛（peninsular Malaysia）最大的公园塔曼内加拉国家公园（Taman Negara National Park）寻找长臂猿，突然在小路上看到一根木头。我便跨过了这根木头。但是当我的脚从上面跨过去时，木头慢慢地向前移动了。这不是一根木头，而是一条巨大的网纹蟒！我跳了起来，大声尖叫着。心跳加速，飞身向前一跃。当我转过身时，我发现那条神奇的毒蛇溜进灌木丛，从视线中消失了。

把棍子当成蛇应该能提高生存概率。这是一种保守的选择，当犯错成本不对称时，它很可能会取得收效。不对称成本指的是非常小的成本——你可能会尖叫和逃跑，但这并没有什么害处。如果你做了这个选择，你就不太可能把毒蛇当成棍子而被毒蛇咬伤了。通过保守的选择，我们将犯错的代价降到最低。

在日常生活中，我们会做出许多这样保守而带有偏差的评估。例如，如果我们听到一个声音逐渐变大时，我们会推断它正在接近我们，因此我们想当然地判断影响的时间要比实际时间短。我们同样也会认为，越来越大的声音比逐渐变弱的声音移动得更快。这些评估偏差在直觉上是有意义的，因为如果我们在没有注意到警告的情况下被物体击中，就有可能会受到伤害，但犯错的代价微不足道。我们的一些保守反应可能在直觉上看起来就不那么说得通了。我们经常会远离那些受到严重创伤或有瘢痕的人，高估了那些受伤或伤口不具传染性的人的传染风险。

兰迪·内瑟（Randy Nesse）是演化医学领域的创始人之一，他用他所谓的烟雾探测器原理很好地总结了成本最小化的概念。面包片烤得焦煳冒烟和房屋发生火灾时烟雾探测器都会响起。如果要探测到真正的火灾，那么安装一个会对面包烤焦冒烟做出反应的警报器则利大于弊，因为漏报房屋火灾的后果是巨大的（可能导致死亡和房屋损毁），而对烤得焦煳冒烟的面包做出反应的后果相对较小（带来极大的烦恼）。如果能设计出灵敏度更高的烟雾探测器，制造商就可以向客户保证，探测器不会漏报任何一场真正的火灾。

然而，当涉及自己对风险的决策时，我们并不总是那么保守。在某些情况下，我们会高估成功的可能性。哈兹尔顿的研究表明，男人常常错误地认为女人比他们更加“性”趣盎然。当男性看到面无表情的女性照片时，他们会说这些照片展现了她们的“性”兴趣。这些高估偏差具有演化方面的意义；女性是人类男性生殖成功的制约因素。女性是否生殖成功受到卵巢中储存的卵子数量的限制，而男性的精子几乎是无穷尽的。历史上最多产的妇女生育了 69 个孩子。历史上最多产的男人可能是成吉思汗：大约 0.5% 的男性在 Y 染色体上有相似的基因。与此同时，绰号为“嗜血者”的摩洛哥苏丹穆莱·伊斯梅尔（Moulay Ismaïl），据说有800多个孩子。不管这些说法是否属实，两性之间在生育方面存在着巨大的潜在差异。纵观历史，男性协助女性抚养孩子可以提高后代的存活率，同时会影响女性对伴侣的选择。因此，从女性的角度来看，忽视一个会成为忠诚配偶的男人是一种浪费，但选择一个不忠的男人作配偶，则可能是一场灾难。

从理论上讲，男性可以不那么挑剔。如果一个男人错过了一个潜在的交配机会，他就错过了孕育一个新生命的机会。而这种错过的好处是一种潜在的巨大成本，远远大于遭到拒绝所带来的些许尴尬的成本。男人相信女人对他们感兴趣，这一心理机制或许可以解释男性鉴别力不高的原因。正如演化生物学家罗伯特·特里弗斯（Robert Trivers）在其著作《愚人愚道》（*The Folly of Fools*）中所阐述的那样，人类身上充满了这种自欺欺人。这并不表示男性没有偏好。甚至相对挑剔在演化上也有好处。在短期的交往中染上的疾病可能会影响他们未来的生育能力和对长期伴侣的吸引力。但短期的放荡对男性的负面影响通常要比女性少得多，原因只有一个：男性不会怀孕。错误管理理论很好地诠释了这些行为偏差。

错误管理理论的逻辑也可以用来回答一个常见的问题：一个国家在明知战争会造成巨大生命损失的情况下为什么还会发动战争？这个问题也被称为战争悖论。约翰逊在《过度自信与战争》（*Overconfidence and War*）一书中对这个问题进行了阐述。当危机发生时，为什么其中一个国家或两个国家都不退让？1900年之前，战争的发起者往往会获胜，但自1900年以来，发起者输掉战争的概率大约占了一半。

约翰逊认为，我们必须了解自己的认知偏差，才能控制这些偏差。事实证明，人们认为自己比实际情况要更加优秀、更加强壮、更加聪明或更有能力解决问题。通过营造积极的自我错觉，我们变得过度自信。他指出，我们必须警惕这种过度自信，避免陷入战争或其他并非所愿的政治局面。

在国家生态分析与综合中心的一次会议上，约翰逊和我讨论了错误管理理论，我们认为，这个理论的要旨或多或少地来自其他几个领域。我在我的研究中确实看到了这一点。在各种情况下，保守的偏见确实具备适应性，而且有这种偏见的动物繁殖成功率最高。约翰逊和我开始合作，一起进行文献综述研究，综合这些跨学科的模型和见解。

也许错误管理理论最早的例子之一来自 17 世纪哲学家和数学家布莱士·帕斯卡（Blaise Pascal）的著作。他对上帝是否存在的问题进行了认真的思索，并仔细思考了信仰的代价。他认为，如果你信仰上帝，但上帝并不存在，那么你将承受与你信仰相关的微小代价。然而，如果你信仰上帝并且上帝存在，那么你将受益无穷——你将在天堂里永生。如果你不相信上帝，而上帝确实存在，那就真是代价惨重了。在这种情况下，你将在地狱中受到永恒的惩罚。具体来说，帕斯卡在《思想录》（*Pensées*）中写道："我们权衡一下赌上帝存在的得与失吧。我们来估量一下这两种选择。如果你赢了，你就赢得了一切；如果你输了，你并没有失去什么。因此，赌徒们，你就毫不犹豫地去赌上帝存在吧！"至少在字面上，帕斯卡运用错误管理理论将真正糟糕的在地狱中永受折磨的代价降到了最低，结果令人信服！

近来有许多科学例证说明了错误管理理论的具体应用，让我们对自己的行事方式有了更深刻的理解。例如，一些生物学家假设，对花粉等无害刺激的过度反应所引起的过敏，可能是成功抵御寄生虫和病原体带来的副作用。行为生态学家曾写过关于活命——餐原理的文章，解释了为什么宁愿错过一顿饭，也不要冒险送命。行为谨慎而错过一餐的动物可能会挨饿，但它们很可能还能再多活一天。动物行为学家广泛使用了信号检测理论的逻辑，清晰地模拟出了错误检测模式和遗漏模式的成本和收益模型。

遗传学家使用错误管理理论来理解整个基因组的突变率是否恒定。突变的相对成本因性状和自然选择而异，这种变异性针对不同的突变率进行选择，以降低关键性状被随机修改的可能性。基因组中突变成本高的部分突变率较低，其代价是基因组中突变成本较低的其他部分相对来说更容易受到突变的影响。在这两种情况下，犯下代价高昂的错误的可能性就会降低。所有这些最近的例证都有一个共同的主题：如果能想方设法将犯大错的成本降到最低，才是做得最好的。

甚至人类的迷信行为也可以在错误管理的框架内得到解释。我们迷信的时候，会把并不存在的因和果归因于因果关系。例如，一个朋友给她的斯巴鲁更换了所有的轮胎，然后马上就发生了车祸，车子彻底报废了。我听到这个故事时就在想，如果我给我的车子更换轮胎，是否也会卷入一场车祸，我的车也是一辆斯巴鲁。错误管理的解释是，只要迷信事件时有发生，特别是具有严重后果时，自然选择就会倾向于以微不足道的方式误解因果关系，获得潜在的巨大回报。我给车子更换了新轮胎以后，会开得很慢很小心！

错误管理理论的逻辑甚至可以推广到动物和人以外的生物体。一些关系不错的同事已经运用错误管理理论来解释植物如何分配能量来防御食草动物。植物面临着和动物一样的问题：分配稀缺的资源来保护自己用以生长和繁殖的能量消耗，这种情况下应该如何分配宝贵的资源？植物有多种方法来减少损失或降低马鹿与昆虫啃食它们鲜美叶片的可能性。但这些防御措施——包括产生有毒化学物质，让它们的叶片变得不那么可口，或者长出刺来阻止饥肠辘辘的鹿——其代价都是非常高昂的。因此，我们常常可以看到所谓的诱导性防御——专门针对食草动物而无须提前布防的防御措施。

我最喜欢的一个诱导性防御的例子是在东非稀树草原。那里的长颈鹿会吃各种金合欢树树叶。金合欢树已经演化出了多种巧妙的防御措施。它们长着刺，对食草动物形成一种物理威慑；它们分泌出单宁酸，会使叶子有苦味，这是一种化学防御措施。此外，金合欢为蚂蚁提供食物和住所。当树枝受到食草动物或萌发兴趣的人类打扰时，蚂蚁就会蜂拥而出，咬啮掠食者。当两个物种做的事情对双方都有益时，这种防御性的互利共生就无处不在。但是长刺的代价很高，理论上讲，只有在刺能带来真正的好处时，金合欢树才会长刺。因此，金合欢树只有在有动物吃它的地方（和时间）才会长刺。不被啃食的树木棘刺会大量减少，棘刺对防范长颈鹿和其他大型哺乳动物效果不佳。被山羊而不是长颈鹿啃食的树木只在较低的部位才长着长长的刺。没有高大的食草动物吗？较高地方的棘刺都退化了。周围有长颈鹿？长颈鹿可及的范围都有长长的刺。

几年前我参加了杜鲁门·扬（Truman Young）的一个讲座，他对诱导性防御系统进行了研究。他注意到，在肯尼亚的内罗毕，路边的金合欢并没有被长颈鹿啃食的风险，但却仍然长着刺。为什么会这样？原因是来来往往的交通造成了金合欢组织损伤，进而诱发了防御，而不是真正的食草动物诱发了防御。因此，内罗毕的金合欢似乎遵循了错误管理理论的逻辑：由于接触食草动物的历史悠久，与其被吃掉，还不如付出高昂代价长出棘刺来自我防御。杜鲁门还观察到，在他的研究点，偶尔会有很高的金合欢树倒下。这些树最高处的枝条——超过了长颈鹿可及的高度——只长出了退化了的没什么作用的刺。在倒下的树上，这些没有防御措施的树枝现在就在贪婪的长颈鹿够得着的地方，长颈鹿很快就把它们所有的叶子都啃光了。

因此，无论我们是在研究植物、动物还是人类行为，错误管理都为我们提供了理解针对威胁的适应性反应的依据，无论是迷信的、哲学的还是现实感受到的。各种生物体都力图最大限度地减少发生严重错误的可能性。

我们现在应该采取行动，减少人为导致的全球变暖。然而，错误管理理论和正向错觉的力量让我们陷入了困境。承认全球变暖这一现实，就意味着要付出直接的巨大代价。因此，许多人宁愿无视当前的苦楚，而最终去承受更大、更远期的后果。我会在第 11 章讨论为什么气候变化是一个相当复杂的问题，但这里我们先要弄清楚什么才是真正的危如累卵。

全球的科学共识是，气候变化是由人类使用化石燃料造成的。温度上升的影响是深远而广泛的。随着格陵兰岛（Greenland）和南极（Antarctic）冰盖的融化，更多的水流入海洋。随着夏季极地海冰的融化，海水变暖，深色物体（海洋）会比明亮的反光物体（冰）吸收更多的热量。由此造成的海平面上升和全球海洋环流模式变化将改变世界各地的天气。由于空气中的水分越来越多，我们已经在经历着越来越强的风暴。2017 年大西洋飓风季节出现了 17 个获得命名的风暴和 10 个飓风，其中 6 个属于第 3、4 和 5 级飓风。2014—2018 年，全球平均经历了有记录以来最热的 5 个 9 月。不断增加的热量也会使世界上的一些地方不再适宜居住，因为我们在极端干热环境下种植粮食或生活的能力存在着上限。预计低收入和中低收入国家将遭受最大的损失。许多国家的领导人都承认全球变暖是有科学依据的。

应该如何应对这一事关生死存亡的威胁，我们的辩论应该聚焦在采取的行动上。这就有点问题了，因为我们没有成熟的道德规范来指导我们解决这个真正的代际问题。例如，为了保护后代，当前这一代的增长应该限制在多少？豪德诺桑尼联盟 *（Haudenosunee Confederacy）（美洲

* 豪德诺桑尼联盟是由美洲原住民易洛魁人的 5 个不同盟邦组成，在 18 世纪之前曾是北美地区具有很强影响力一支力量。该联盟目前在原住民事务中仍发挥着重要的作用。参见：https://www.haudenosauneeconfederacy.com/who-we-are/。——译者注

原住民易洛魁人）认为，决策应该考虑到对未来 7 代人的影响。以牺牲当代人为代价来考虑未来数代人的利益，值得展开有益的辩论。受此影响最大的行业（煤炭和石油）以一些不诚实的方式对证据表示怀疑，完全是套用了烟草游说者在 20 世纪五六十年代所编造的一套说辞。

科技能把我们从气候变化带来的危害性后果中拯救出来吗？有人指出，节能技术的大幅提高已经减少了碳排放，如果尚未发现的技术创新未来可能帮助我们能更好地将碳从大气中提取出来，或创造出其他方法使地球降低温度，我们现在为什么要付出代价呢？我将在第 11 章详细讨论这种可能性。

2018 年 10 月，联合国政府间气候变化专门委员会（United Nations Intergovernmental Panel on Climate Change）发布了一份令人震惊的报告。他们认为，人类只有大约 30 年的时间来共同创造他们所谓的“净零”碳生产——任何排放到大气中的碳都要与从大气中提取的碳保持平衡。他们认为，需要立即采取行动进行大规模的保护，改变生活方式。这样，全球变暖才能够控制在较工业化前的温度高出 1.5℃的范围内。他们警告说，超过这个温度阈值将对生态系统、人类基础设施和人类自身造成严重危害。但是，要如此迅速地改变我们的生活，需要付出很大努力。下一代年轻人将不得不适应这些变化，而最近，他们正通过 2019 年的罢课来倡导变革。也许他们会鼓励社会其他部门参与进来。毕竟，人类的适应性依赖于留下后人，而这些后人必须在我们死后很长一段时间内继续承受我们的行为所造成的后果。

结合我们所学到的错误管理方面的知识，我认为在气候变化方面不作为将带来严重后果，而真正能改变游戏规则的技术创新依然渺茫如烟，因此我们现在应该竭尽全力降低预期成本。这也被称为预防原则，小心驶得万年船。

第 11 章

我们内心的旱獭

在这趟旅程中，我们看到在野外，恐惧是如何激发猎物对各种线索做出反应的（如第 2、3、4 章所讨论的），察觉到并运用复杂的经济逻辑来尽量减少成为别人盘中餐的机会（如第 5、6 章所讨论的），不时快速学习（第 7 章），以及不仅从同物种其他个体，而且从其他物种中找寻有关威胁的信息（第 8 章）。动物和我们一样，在风险评估方面存在偏差，错误管理理论（第 10 章）解释了个中原因。

在本章中，我将把这些来自动物的启示用于讨论人类与恐惧的关系。我承认，对某些人来说，这个跨越可能有些太大。批评者可能会问，我们是否真的可以认为旱獭对捕食者的反应与我们自己因复杂的社会、环境和政治事件而产生的焦虑和恐惧有相似之处。我建议把这个问题反转过来问。当我们拥有与许多其他物种相同的神经生理硬件时，为什么还要将人类例外论作为谈资呢？我们可以确定动物和人类对许多刺激都会做出相似的反应。然而，在这些章节中我会更进一步，因为我提出了一些可检验的假设，即我们对由恐惧诱发的动物反应有着基本的理解，我们如何发挥这种理解的作用来学会更好地与恐惧相处。生活中总是会有一些事物会引发恐惧或是对我们的福祉构成生死攸关的威胁。我会问，我们是否可以运用生活中的经验教训来改进我们面对威胁所做的决策。

在这个实验中，我想弄清我们能从我们内心的旱獭身上学到多少东西。为了探索这一点，我们将使用不断丰富的恐惧知识工具包来解决人类所面对的一些重大问题，在第 12 章中，我们会从动物和人类针对风险的评估中汲取经验，并将其转化为一系列准则，通过这些准则，我们可以在一个充满风险和潜在恐惧的世界中更加蓬勃地向前发展。

对于人类而言，我们发现，在信息简单的时候，恐惧最能催生改变。如果潜在的结果令人生厌，就更会有用；令人厌恶是一种强大的动力。举我最喜欢的一个例子，当时官员们正在努力遏制甲基苯丙胺滥用的上升趋势。由于甲基苯丙胺极易上瘾，公共卫生宣传活动收效甚微。这时汤姆·西贝尔（Tom Siebel）出现了，他在软件领域是一个使命必达的百万富翁。在其宣传活动中，西贝尔把重点放在与甲基苯丙胺滥用有关的龋齿和冰毒口腔疾病上，这是一个绝佳的例证，说明了恐惧和厌恶是如何刺激人们的。从 2005 年开始，他为蒙大拿（Montana）高速公路广告牌的一场广告宣传活动提供了支持，这场活动大获成功。这些广告牌展示的是一个女人脸上烂牙的特写镜头，上面写着：“你再也不用担心牙齿上会粘上口红了。”之后，他还制作了一些广告短片，展示了毫无戒心的吸毒者让人不寒而栗的未来，包括年轻女性为了满足自己的毒瘾，不惜卖身换钱。这场活动产生了预期的效果——高中生冰毒的使用量在两年内下降了 45%。我们可以做一个对比，在西贝尔这次成功的宣传活动开始之前，这一项数据的年降幅只有 7.8%。

相比之下，因果关系不太直接的复杂问题需要不同的激发因素。这在一定程度上是因为恐惧最能引发即时反应，而且长时间维持恐惧状态需要付出巨大的代价。所有成功的动物都知道，你不可能永远躲避威胁，你最终还是得出来觅食。此外，我们不可能在不危害健康（比如应激所引发的疾病）的情况下不断地使用我们的或战或逃机制。还有，用恐惧来激励改变有一个致命缺点：我们很可能对恐惧的信息习以为常。

在旱獭活跃的季节，我大部分时间都是坐在草地上观察旱獭。旱獭不像猴子或狐獴那样具有社会互动性，所以社会互动相对较少。出于这个原因，我们不断扫视察看山坡和草地，追踪所观察的群落内及其周围的旱獭和捕食者。当我还在壮年的时候，我为自己能经常先于旱獭发现捕食者而感到自豪。

我们还跟踪发出报警叫声的旱獭以及旱獭对呼叫者的反应。大多数旱獭会发出一声报警叫声。我们抬头看到一片草地上满是面无表情的旱獭，它们的后腿直立，专注地看着什么。但它们在看什么呢？我们往往无法确定它们在关注什么。但是，当旱獭发出不止一次的叫声时，我们就会去数一下报警叫声数，并常常能确定出呼叫者和刺激源。当然，刺激会有所不同。郊狼和狐狸可以引起多重警报叫声，但有时旱獭会因为看到一只鹿而呼叫一个多小时。有一次，一位筋疲力尽的助手回到实验室，说她刚刚数到了 1 876 个报警叫声！

在第 7 章和第 8 章中，我们讨论了习惯化和可靠性评估的价值。回想一下沉着的露西和紧张的内莉。我们知道，饥肠辘辘的旱獭们不会只是因为紧张的内莉正对着一只鹿狂叫，就停止一切活动一小时。聪明的个体应该习惯于不具威胁性、没有什么意义的报警叫声，并逐渐恢复日常活动。习惯化和可靠性评估让动物习以为常，降低持续保持警惕性所需付出的代价，这同样也发生在人类身上。

在国家生态分析与综合中心的一个工作小组中，我们推测习惯化会降低对恐惧信息的反应能力。具体来说，考虑到习惯化理论的理论预期，我们想弄清楚国土安全部的威胁等级是否能在公众中发挥出应有的效果。威胁等级最初是为第一反应者设计的，范围从 1 级（低）到 5 级（严重），是对恐怖袭击概率的粗略评估。然而，在其投入使用的前 5 年，威胁等级一直保持在 3 级（偏高）或 4 级（高）。针对 3 级及以上威胁等级，政府鼓励美国公民访问国土安全部的网站（www.Ready.gov）获取保护自己的信息。（“9・11”事件发生后的最初几年里，该网站的内容发生了实质性变化。）但人们去访问国安部网站了吗？如果美国人对威胁等级习以为常，政策的结果可能与最初的期望相反。如果威胁长期居高不下，人们就会放松警惕。

利用民调数据，我们发现了一些对“9・11”恐怖袭击习惯化的证据；随着时间的推移，人们对风险的认知有所下降。从贝叶斯角度来看，这是有道理的，因为没有马上的后续攻击，而持续保持警惕的代价很高。有趣的是，当我们寻找风险认知和国土安全部威胁等级之间的关系时，我们没有发现强有力的证据证明美国民众在风险等级提升时会主动提高风险认知水平。此外，国土安全部的网站页面浏览量和 1-800-BE-READY 电话的拨打量随着时间的推移而减少，并且浏览量和拨打量对当月国土安全部最高威胁级别的变化并不敏感。从统计数据来看，去除不同月份引起的变化这一因素，威胁级别对页面浏览量或电话拨打量没有造成显著影响。这种反应表明，人们已经习惯了这些警告。

当恐惧被用作带来改变的动因时，我们应该期待习惯化的出现。事实上，设计防止习惯化的刺激来吓跑“问题动物”，减少人与野生动物之间的冲突是一项紧迫而艰巨的任务。户外城市公园用餐区上方的塑料猫头鹰仅仅发挥了几天的作用，鸽子就判断出它只是一个很好的风障。曾经把鸟从机场跑道上吓跑的空气炮也只不过发挥了一段时间的作用。但是，只要没有与刺激相关的负面影响，动物就会习惯于现有相同的或重复的刺激。因此，将刺激和各种不同方式混合使用，减少重复并利用不同的感知系统是延迟习惯化产生的最佳办法。

我们如何吸收消化这些大自然给我们的启示，让这些启示帮助我们更好地解决人类所面临的问题呢？以多种方式呈现一个主要信息也许是有望延迟习惯化的可行方法。蒙大拿州的反冰毒宣传活动只包含有一个简单的观点，但却设置了大的广告牌和若干不同的商业广告来传递这个信息。采用多种方式，比如利用令人恐惧的声音和视觉，制作出更引人耳目的广告，尽可能延缓不可避免的习惯化过程。

相比之下，复杂问题的因果关系不那么直接，需要不同的激发因素。部分原因是，恐惧最能引发即时反应，而且长时间处于恐惧状态需要付出巨大代价。你不可能永远躲避威胁，你最终还是要出来觅食，所有成功的动物都明白这个道理。同样，我们也无法频繁使用或战或逃机制，这样往往会罹患应激引发的疾病。然而，对人类而言，恐惧不只是担心被杀。我想知道的是，恐惧或焦虑是否能在其他社会领域发挥作用进而推动变革？

但是当技术进步降低了风险时会发生什么呢？我们是否因安全性提高而欣喜呢？奇怪的是，我们似乎没有。技术降低了风险，而我们却引入了所谓的风险补偿，选择接受更大的风险。这的确有些匪夷所思。

1965 年拉尔夫·纳德（Ralph Nader）宣称雪佛兰（Chevrolet）的科威尔（Corvair）车型“在任何速度下都不安全”，与那时相比，现在开车当然要安全得多。现在的汽车配备了更好的悬挂系统和刹车系统保证行驶安全。制造商在设计汽车时采取了多种保障措施，包括安全带和安全气囊，防止突然刹车时一头撞上挡风玻璃。现在的汽车还有防抱死刹车和防撞系统。虽然防撞问题尚无定论，但当安全气囊和防抱死制动系统首次推出时，其中的教训值得深思。

被动约束系统刚推出时，一些人不再系安全带，因为他们认为仅靠安全气囊就能保证安全。实际上，这些系统共同作用，才能增加你在恶性交通事故中的幸存概率，使你不至于被抛出车外，车内还是更安全一些。有研究表明，防抱死制动系统刚推出时，出租车司机在湿滑路面上会开得更快，因为防抱死制动系统减少了打滑的风险。然而，即使有防抱死制动技术，在湿漉漉的街道上开得更快，也绝非一个好主意；车祸并没有因为有防抱死制动技术的加持而出现净减少。

我们每天上下班和度假玩乐时所用到的大多数技术在安全性能上都有所提高。例如，滑雪从未像今天一样安全。我记得滑雪时，如果你的身体过于前倾，滑雪板上的固定器就会左摇右晃，但如果你身体后倾的话就不会出现这种情况。如果你摔倒了，结果肯定是很糟糕的。现在，滑雪板固定器更富有回弹性、固定效果很好。你需要它朝哪个方向松开就能朝哪个方向松开，但在你不需要的时候，例如在冰坡上加速时，就不会松开。

过去的 10 年中，我们见证了一场滑雪板设计革命。我开玩笑说，新的滑雪板设计能让你多滑 10 年，因为它可以让你疲惫不堪、老态龙钟的腿能更轻松地快速转弯。转弯轻松，就容易迅速刹停。50 多年前我学习滑雪时，大多数滑雪者都不戴头盔，但今天几乎人人都戴。戴头盔滑雪绝对会更安全。它往往（但可惜还不是百分之百）会提供保护，防止脑部创伤的发生。从某些方面来看，滑雪运动越来越安全，但从另一些方面来看，使用头盔并没有减少脑部损伤。这可能是因为滑雪者在使用这种更好、更安全的装备来挑战极限。运气不好的滑雪者冲下了悬崖或撞到了树上，也就是说更安全的设备也无法完全避免这些灾难性伤害的发生。滑雪事故的死亡率相对较低，大约为每百万滑雪者中日均 1.06 人死亡。

滑雪技术的与时俱进使得在平整的雪道上滑雪更加安全，这也给越野滑雪带来了一场彻底变革。更安全、更轻便的器材和更好的雪崩安全装备，使得更多的人在野外未经平整过的山坡上找雪。随着越来越多的人进行越野滑雪，也有越来越多的人遭遇雪崩并因此丧生。

《源风险：为什么越安全的决策越危险》（*Foolproof: Why Safety Can be Dangerous and How Danger Makes Us Safe*）是叶伟平（Greg Ip）撰写的一本非常精彩的书。努力提高安全性会诱使人们接受更大的风险，他在书中对其中的原因进行了分析。他的例证涵盖了从经济崩溃后的联邦立法到灾难性的风暴保险。例如，当飓风把一个社区夷为了平地或是一场洪水淹没了它时，人们最直接的反应是重建，而不是重新考虑居住在那里是否安全。在荷兰（Netherlands）或路易斯安那州（Louisiana）的新奥尔良市（New Orleans）等洪水易发地区，如果堤坝不决口，修建堤坝是降低风险的好方法。如果没有堤坝，就不会有人面临风险，因为没有人可以在那里生活。此外，政府支持的保险鼓励人们居住在私人保险公司不会承保，或者只会以高得离谱的价格承保的地方。但是保险减少了我们对失去所有投入在房屋上的资本的焦虑。我们往往不会静下心来去思考为什么某些保险会这么贵。即使是昂贵的保险所带给我们的舒适感，都会平添了在危险地区重建的勇气；哪怕是我们未来还可能会面临同样的问题——无论是海平面上升还是野火，都不会让我们退却。因此，对安全的认知反而会刺激冒险行为。反之亦然，如果我们察觉到某件事很危险，比如商业航空公司的航班，我们会不惜一切代价去确保安全。因此，消费者的需求，加上联邦法律的支持，使得商业航空旅行非常安全。

所有这些例证都说明，我们常常无法从降低风险和提升安全中获益。当我们以为智珠在握之时，实际上却是自负其能。但我认为风险补偿并非人类所独有，因为我在旱獭身上也发现了同样的情形。跑得相对较慢的旱獭在觅食时也会比较小心翼翼。这样一来，它们的小心谨慎弥补了身体方面的局限性。正如我在第 8 章中所讨论的那样，在社会上处于孤立状态的旱獭更有可能发出警报叫声，从而起到阻吓捕食者的作用。

恐惧，虽然不是人类独有的属性，但却让我们更具有人的特性，而应对恐惧是生活无可避免的一部分。完全消除风险或随之而来的恐惧和焦虑不仅不可能，而且，即使我们可以过上更为安全的生活，我们似乎也会有保持风险和挑战自己的愿望。

政客们知道，利用恐惧可以赢得选举或对立法的支持。我们在第 3 章讨论过，林登 · B. 约翰逊总统的雏菊广告描绘了一个孩子在氢弹爆炸的倒计时中数着雏菊花瓣的情景，因为它激起了恐惧，所以非常引人注目。那则广告的画面印刻在人们脑海中，挥之不去，向人们承诺，投票支持约翰逊会带来安全保障。

还有，我们也不要忘记比尔 · 克林顿（Bill Clinton）总统是如何在第一夫人希拉里 · 克林顿（Hillary Clinton）的帮助下通过 1994 年联邦犯罪法案的。希拉里将年轻的犯罪团伙成员视为同“超级捕食者”一样残忍无情的人。这发生在 1992 年洛杉矶骚乱之后，当时美国正处于高纯度可卡因泛滥的时期。城市里的犯罪团伙被视为凶暴残忍，令人不寒而栗，她显然主要是指黑人和拉美裔青年。通过在针对白人听众的演讲中使用这个词，她有效地利用了这个指称所隐含的偏见和恐惧来推动民众对该法案的支持。

恐惧是个卖点，无论是共和党还是民主党的战略规划师们都不会忘记这一点。政客可以利用恐惧来争取连任或通过法案，但它也可以用来合理地管控风险，努力降低风险。生活在风险之中会产生巨大的社会和公共健康问题。明智的政府，无论是地方政府、州政府还是联邦政府，都能够制定政策来识别和管理风险，并在最坏的情况下快速做出相应的反应，无论这种最坏的情况是否可以预测。恐惧会激励我们设计出具有应变能力的制度。

在自然安全工作组会议上，我们意识到，好的防御系统是具有适应能力的。如果为每一种潜在的生物武器（炭疽、天花、瘟疫等）独立设置一种探测器缺乏效率。你该把这些装置放在哪里？成本是多少？这些装置会被放置在有可能检测到病原体的地方吗？我们很快就明白，制造专门的探测器既缺乏效率也不可取。相反，我们主张建立适应性强、灵活性高和用途广泛的防御系统。例如，与生物武器攻击相关病症暴发时，一个良好的公共卫生系统能够有效地检测到这一情况，并及时传达给每个人，以便采取有效的公共卫生措施。

同样，民防需要灵活的政府机构，但我们已经看到政府官僚机构僵化的反应。2017 年哈维飓风（Hurricane Harvey）过后出现的社区团体“卡津海军”（Cajun Navy）提供了一种值得推荐的模式。洪水过后，邻近各州的人们立即开始拖着他们的船出现，帮助救援灾民。卡津海军由此诞生，它现在是一个经过注册的 501（c）（3）类组织 *，负责救援。装备不足的政府机构对这种具有很强适应性的响应普遍表示欢迎。

诺贝尔奖得主、生物学家弗朗索瓦・雅各布（François Jacob）指出，演化是对现有的东西进行修补，而不是为新问题制定新的解决方案。因此，大约 2.5 亿年前，当第一批白蚁演化出社会性时，同样的一组神经内分泌反应构成了应对社会威胁反应的基础，这些威胁包括失去一顿饭、一块领土或与社会阶层相关的重要地位。正如第 1 章所讨论的，当我们侥幸躲过一场车祸或险些从高处坠落时，一系列神经内分泌反应会让我们手心冒汗、心跳加速和眼睛睁大，这一系列的神经内分泌反应确保了动物在发现风险时进行躲避，并且在遭遇到挑战时，

* 指根据美国税法第 501（c）（3）条款成立的组织机构，根据规定，如果一个机构运营的目的限定于宗教、慈善、科学、教育等领域，该机构即可获得税务减免。纳税人对部分 501（c）（3）组织的捐款也可抵扣个人所得税。——译者注

通过将能量和注意力转移到躲避捕食者上来，为应战和逃跑做好准备。这是我们演化的传奇；它可以预测我们会如何应对威胁，并使我们倾向于对我们的动物祖先从未应对过的各种现代威胁做出过度反应。至少在我们看来，这些威胁不计其数。早在现代人类演化之前，群体间的冲突就已经有很长的历史了。我们害怕外人，也就是那些不属于我们自己群体的人。我们害怕与潜在的捕食者、人类发生激烈冲突，也害怕他们与我们发生激烈冲突。我们害怕失去资源，也担心这会影响到我们自身和家庭成员的安全。

作为一个物种，我们没有足够的时间来调整我们应对各种新威胁的反应。我们并没有习惯于不断地接触历史上曾经非常重要的威胁和当下新的威胁，而是形成条件反射性恐惧了。这些不良事件的有限经历给我们留下了不可磨灭的记忆，为我们采取防御行动做好了准备。条件反射性恐惧可能是创伤后应激障碍的基础，它折磨着暴力受害者和军人。的确，就像旱獭和许多其他动物一样，人类似乎已经做好准备，学会躲避暴力并长久铭记这些教训。一般来说，当一个特征在一组条件下演化，而这些条件随后又发生变化时，该特征可能就不再具有适应性，即出现演化失配。

错误管理理论告诉我们，人类具有一种能力，只要一次经历就能了解有可能发生的坏事，也就是小心驶得万年船。因此，条件反射性恐惧是可以预期的，而且可能具有很强的适应性。然而，如果全天循环播放的新闻中不断播发令人恐惧的信息，那么条件反射性恐惧会让人身心俱疲。此时，巧妙演化的恐惧系统就会让我们产生出消除风险的愿望，无论风险到底有多小。不过当然不可能消除所有风险，也不可能消除所有恐惧，这甚至是不可取的。人类能够繁衍至今，也正是因为我们祖先的恐惧才让他们存活下来。

精明的读者可能会注意到，我在讨论使用恐惧来激励行为改变时讨论了习惯化，但在讨论24小时不停循环的新闻播放时讨论了敏化。两者都是可能出现的结果。我认为，虽然对习惯化和敏化的研究已经开展了一个多世纪，但是我们对这些过程背后的自然史却依然没有一个很好的理解，这一点令人非常感叹。换句话说，我们不知道在自然环境下会做出什么反应。在各种自然条件下对大量不同物种的持续研究将提供必要的数据，以便更好地预测习惯化和敏化发生的条件。这些知识有助于我们做好战略规划，更好地应对未来的人为灾害或自然灾害。

就个人而言，你不需要等待更充分的习惯化和敏化数据。尽管风险是不可避免的，也是永远存在的，但你可以通过暂停脚步和评估数据来管理你自己的风险，而不是本能地容忍条件反射性恐惧下的反应。我们来看看最近在公众中引起或曾经引起过焦虑的几件事情。许多美国人害怕外来者，特别是近来那些在没有相关证件的情况下移民到美国的人。绝大多数的“非法”移民并不像一些美国政客和媒体所认为的那样是杀人犯或强奸犯。像我们的许多先辈移民一样，他们只是在为自己和家人寻求更好的生活。绝大多数逃离战争的难民并不打算组建潜伏小组袭击家园，而是在寻求更安全和更美好的生活。

那么，对于我们目前的生存威胁——气候变化，我们内心的旱獭会给出什么建议呢？我们内心的旱獭已经演化到可以处理简单的因果关系。例如，“如果我在某个地方看到捕食者，而且是在几个不同的时间，这可能意味着这是一个危险的地方。”虽然我们内心的旱獭饥肠辘辘，但它可能会放弃在那个有风险的地方进食，于是又多活过了一天，再吃喝了一天。我们在戈龙戈萨国家公园的薮羚身上也可以看到这一点。一旦公园里的捕食者被消灭殆尽，薮羚就会离开茂密森林中的安全地带，开始在更开阔的地方觅食更美味可口的食物。问题是，正如史蒂夫·加德纳（Steve Gardiner）在其《完美的道德风暴》（*A Perfect Moral Storm*）一书中所指出的那样，气候变化与弄清楚吃东西是否安全这种亟待回答的问题不同，其复杂程度使我们试图通过简单的因果关系和简单的解决方案加以解决的愿望成为泡影。为什么呢？

第一，我们内心的旱獭无法看到任何个体行动的效果。鉴于问题的严重性，我们今天在气候变化方面的个人行动都几乎无法让人察觉到。这真的不是我个人使用了多少碳或你个人使用了多少碳的问题。全球碳循环的规模是巨大的，有可能超出了我们现有的认知理解。我们说服自己，因为个体行为影响有限，所以应该谅解我们没有去改变我们的个人行为——这种现象与众所周知的“公共资源悲剧”相关，即共享资源被成员的利己行为所破坏。

这并不是说个体行动产生不了影响；个体行动如果得到广泛的响应，就会产生影响。如果不是强迫的话，要促成广泛的响应，需要对我们创造的集体影响力以及首选的解决方案达成共识。剥夺权利或剥夺人们认为应该拥有的权利（例如大多数美国人认为我们都有权拥有一辆私人汽车）要比激励变革困难得多。大量的心理学文献表明，我们厌恶真实的和感知到的损失和成本，低估收获与收益。要对一个大的社会问题产生影响，人们必须想要改变他们自己的行为。他们必须相信，改变对他们自己更为有利。因此，这就是一项挑战。

第二，我们今天的集体行动（比如燃烧化石燃料）不会当下就产生影响。然而，我们过去所做、如今所为以及未来所兴之累加，将对后代产生巨大的影响。正如加德纳所指出的，我们根本没有一套得到公认的伦理原则来处理这种代际问题。为了减少尚未出生者要承受的痛苦和折磨而造成今天的痛苦和折磨，这显然无法让人接受。但是，因为我们今天的行为而毁灭未来他人的希望和选择，同样也不可接受。你在这个连续统一体上所处的位置将对你认为可以接受的事情——以及你对我们今天行动所产生后果的低估程度产生影响。2020年春天，美国的州长们和市长们曾呼吁采取这种集体行动。随着新冠肺炎无症状感染病例数的上升，各州各市敦促其居民留在家里，减缓冠状病毒的传播，防止所在州和城市的医院在未来几周内不堪重负。尽管行为改变的影响并不会立即显现，但大多数人可以接受这样的信息：留在家里有助于拯救那些命悬一线的人的生命。然而，气候变化问题对我们的共情能力和想象力都提出了严峻的挑战。

第三，我们明天就可以停止所有的碳使用，但气候变暖问题也会依旧存在。这是因为大气中的二氧化碳不会马上分解，会在大气中持续存在，直至分解，并像温室中的玻璃那样，继续阻止热量辐射到太空。天然气燃烧时释放的甲烷，是一种高效的温室气体，但它分解得更快。这个问题将持续存在，直至温室气体分解或从大气中提取出来。这些气体会长时间滞留在大气中，这意味着，即使我们试图解决这个问题，情况也有可能先是变得更糟，然后才可能出现好转，这样我们就更不可能认识到自己行为所产生的因果关系。

第四，因为我们引发的气候变暖是非线性的，所以更难想象得出其中的规律。在非线性系统中，一个变量的单位变化并不一定会引起相应的单位变化。把立体声音响的音量调大，音乐声就会随之变大，直到达到某个临界点。一旦达到这个点，进一步调高音量就会出现各种各样的噪声失真。此时系统已经进入非线性阶段。想想正在融化的极地海洋。只要有夏季海冰，冰面的反射就会阻止海水吸收太阳能变暖。热量多增加一分，冰就会多融化一些。一旦冰融化到一定程度，海洋将被黝黯海面额外吸收的太阳能所温暖。换句话说，冰的融化速度会加快。结果是什么？夏天将不再有冰，海水温度会更高，全球性大气环流和海洋洋流这两种对天气有重要影响的因素也将发生变化。事实上，石油公司开采石油的海域不久之前还几乎全年被冰所覆盖。

货运公司正在勘察通过高风险高收益的西北航道 * 运输货物的能力。唐纳德·特朗普总统在 2019 年购买格陵兰岛（Greenland）的竞标中失败，他提议在这个地处战略要冲、矿产资源丰富的岛屿上设立领事前哨，其中的一个原因或许是为了保证能够拿到可能会出现的无冰航线，获得新发现的自然资源。北部和南部偏远地区的游客已经穿越那些曾经被冰层所覆盖、需要破冰船破冰才能通行的地区，开始了夏季航行。

这个问题根本没有单一的解决办法。对未来的合理设想包括通过提效节能、减少能源使用、减少动物产品（特别是红肉 **、牛奶和奶酪）的消费、增加风能和太阳能等可再生资源的利用、增加核能的使用（核能一旦投入使用，就不会排放碳），并通过各种技术从大气中去除二氧化碳（目前还没有一种技术得到合理的规模化应用）。有简单、明确解决方案的问题都是容易解决的问题。棘手的是那些复杂而难以解决的问题。减缓人类活动导致的气温上升、极端风暴增多和大规模生物多样性丧失的进程，确实是一个棘手的问题。我们内心的旱獭毫无准备。

那么，这传递出什么样的信息呢？恐惧会成为激励我们采取行动应对气候变化的解决方案的一部分吗？如今，有关环境末日的信息是否能发挥出作用，还存在着相当多的争论。

总的来说，我认为那些具有简单因果路径的简单问题可以通过传递引发恐惧的信息来解决。例如，为了在飓风来临之前疏散民众，民防当局和政治领导人诉诸恐惧——将当前的风暴与过去的风暴进行比

---

* 西北航道（Northwest Passage）是指由北大西洋经加拿大北极群岛进入北冰洋后再进入太平洋的一条航道，是大西洋与太平洋之间距离最短的一条航道。过去由于北冰洋为冰所覆盖，这条航道危险重重。——译者注

** 红肉一般指猪、牛、羊等绝大多数哺乳动物的肉。由于饲养牛、羊等要消耗相对较多的植被，因而对保护环境并不有利。——译者注

较，并强调过去造成的损失。他们甚至让那些不想离开的人在手臂上用记号笔写上他们的社会保险号码，并在风暴来临前向急救人员提供他们近亲的名字，从而非常具有针对性。地震学家已经开始将他们的信息转向那些身处地震断层带附近的人们，他们指出，重要的不是灾难性地震是否会发生，而是何时发生。这种信息利用了我们的恐惧，以增加人们做好应对准备的可能性。

即使问题的范围比较广，只要因果关系简单明了，令人恐惧的信息就可能发挥作用。但是我们必须警惕那些在较为复杂的情况下人为地简单化和会助长恐惧的信息，这些场景下的信息可能会产生适得其反的结果。

第 12 章

明智地面对恐惧

在这段旅程中我们看到，生命中最重要和最根本的挑战是在冒险和安全之间找到平衡。我们已经了解了动物和我们都应该保持适度谨慎的原因。但这种古老的生存平衡需要同时考虑另一个严酷的事实：过于谨慎的人要么会饿死，要么会被那些不那么谨慎的人打败。过于谨慎的人无法生存下去。

我们需要了解什么该怕，什么不该怕。我们拥有一套可以自行支配的认知能力，而这些能力本身就是自然选择的产物。我们必须将这些专业知识与我们在研究中发现的祖先们打造出来的知识工具包和框架结合起来。人们经常使用专业的成本效益分析来决定是否值得去承担某项风险，其结果通常用于指导政策决策。但我们对风险的评估往往是带有偏见的：它们会受环境、历史、可能性和预期收益等因素的影响。弄清楚我们做出决策的过程对我们明智地面对恐惧至关重要。

我们是一个非常不合逻辑的物种，我们的决策并不是完全建立在量化评估的基础之上。越来越多的人在将煤炭转化为能源的过程中丧生，更多的人因我们恣意使用化石燃料而面临气候异常的风险，那我们为什么还要害怕核能呢？当我们系上安全带或车里配备有安全气囊之后，为什么我们并不那么担心开快车了呢？我们高估了自己摆脱困境的能力，而对如何避免陷入困境更是考虑不周。那么，我们应该害怕什么呢？我们应该如何对这些可怕的事情做出明智的风险评估？

观察风险的一个简单方法是要考虑两个因素：① 事情发生的概率；② 事情发生后所造成的影响。一件影响不大的罕见事件可能不会有那么大的风险，而一件影响巨大的罕见事件则需要深思熟虑。例如，将淋浴时滑倒的风险与核战争的风险进行对比。随着年龄的增长，在淋浴时滑倒的影响会增加，在年长者中，髋部骨折可能会导致住院、身体羸弱，有时甚至是死亡。因此，随着年龄的增长，我们对淋浴风险的认知也会发生变化，这是合理的。我们进出淋浴间时要愈加小心。我们还可以放上防滑垫。相比之下，核战争的风险概率极低，但影响非常深远且极为可怕，可能会影响到地球上的每一个人。但除了最直接的情况外，许多事件的确切概率都是未知的，其影响是许多变量共同作用的结果。

要准确计算风险，就必须收集数据。然后，我们必须对判断的确定性进行评估。例如，如果在一条繁忙的四车道高速公路的某一路段有许多鹿被小汽车或卡车撞到，我们可以通过许多办法来降低鹿和人类受伤和死亡的风险。指示牌可以告知人们要注意穿越公路的鹿，可以降低车速限制，也可以安装防鹿栅栏，使鹿远离公路。如果我们真想解决好此事，我们可以为鹿和其他野生动物修建天桥或地下通道，这样的野生动物通道已经成为减少叉角羚和其他迁徙类物种种群死亡率行之有效的做法。随着时间的推移和数据的积累，我们越发可以确定应该在哪里安排风险缓解设施。而我们对农村道路就没有那么确定了，因为我们拥有的信息不够多，在这些道路上出行的人也不多。

为了准确衡量风险和更好地理解驱动我们决策的潜在因素，我提出了风险评估的15条原则。其中有些是我们在本书所获得的领悟，其他的则是在具体研究人类决策过程中总结归纳出来的。

（1）随着年龄的增长，对自身死亡风险的认识也会发生变化。如上所述，随着我们年龄的增长，洗澡时滑倒产生的危害会愈加严重，我们可能会对这种不断增长的脆弱性做出弥补。相比之下，我们知道青少年会做出各种危险的事情，增加了他们受伤和死亡的风险。这就解释了为什么当你把一个十几岁的孩子加到你保单的车辆驾驶员名单中时，你要缴的保险费会大幅上升。一般观点认为，这一结果源自青少年那种永生的意识。然而，数据表明的情况恰恰相反。与其说青少年认为他们会永生不死，倒不如说他们高估了下一年死亡的可能性。鉴于这种观点，如果冒险者能得到与冒险相称的好处，他们似乎就可以接受更大的风险——不入虎穴，焉得虎子。对寿命的认知影响着我们的风险承受决策，而且这些决策因人、因年龄而异。在一个婴儿和儿童死亡率较高的危险社区长大，可能会助长一种活得快、死得早的心态。通过认清这些脆弱性和观念上的变化，在针对潜在风险行动或活动所具有的真正成本和收益基础上，我们就可以做出更好的决策。

（2）决策可能会受到固有信念的影响。我们和其他物种一样，以贝叶斯方式学习——过去的经验很重要！一旦脑海中形成了某种印象，就很难将其摆脱。例如，如果我们正在辩论枪支是否会使人们更安全，数据既可以被解读为支持个人持枪的必要性和道德性，也可解读为反对个人持枪的必要性和道德性。不妨回顾一下，2010—2015年，美国在全球凶杀案中排名第59位；每年每10万人中有2.70起谋杀案。洪都拉斯（Honduras）排名第一，每年每10万人中有67.19起杀人案。然而，洪都拉斯每年平均只有5 218起与枪支有关的谋杀案，而美国有 8 592 起。排在第 12 位的巴西（Brazil）每年谋杀案的数量最多，为 38 494 起。鉴于这些数字，基于你对公民是否应该拥有枪支的固有信念，既有解读的余地，也有理性化的空间。

（3）人类像其他物种一样厌恶损失。我们会更担心损失些许小的东西，而不是对可能获得一些大的东西而感到更加兴奋；我们会对每周减薪 100 美元感到沮丧，而不会对每周加薪 100 美元感到更开心。所谓的损失厌恶偏差与杏仁核有关，杏仁核是在大脑中负责管理恐惧的那个部分。请记住，杏仁核可以由恐惧刺激直接激活，其中包括了捕食者的气味。研究人员对两名患有异常罕见的遗传疾病的妇女进行了研究，遗传疾病导致她们的杏仁核受损。研究人员将她们与健康受试者进行比较，结果发现，所有人都有相同的评估奖励的能力。但是，那些杏仁核受损的病人却没有显示出健康受试者中存在的损失厌恶的证据。这些结果与在非人灵长类动物研究中发现的结果一致，在这些研究中，杏仁核被认为与损失厌恶有关。我们害怕损失。

商家利用了这种损失厌恶偏差。他们操纵信息，把重点放在我们如何通过购买某种商品来避免潜在的损失，而不一定会将潜在的风险对照收益进行讨论。保险销售就利用了这种恐惧。政治说客和那些试图对政策施加影响的人也会字斟句酌地表达他们的信息，因为他们知道，对于具有某种风险的事物能不能被接受，其呈现方式可能会改变我们的看法。为了预防这种情况，要重新组织有关损失的陈述，借此反映与政策或购买相关的潜在收益。无论如何，你很可能决定努力避免损失的发生，但至少你有机会衡量相关获益的大小。

（4）是自愿接受风险还是被迫接受风险，会影响到我们对风险的评估。我们接受滑雪时受伤或死亡的风险，但往往回避雇主可能让我们接受的风险。当我们接受一种风险时，我们也会对自己所愿意接受的获益非常敏感。例如，滑雪很有趣，而有趣就是回报。同样，我们看到动物接受与嬉戏相关的风险（嬉戏需要耗费时间和精力，可能会增加受伤的风险），因为获益（运动技能改善、神经系统发育和更好的状态，等等）很可能超过了代价。但从某种意义上讲，嬉戏是有趣的，而打架是有风险和吓人的，尽管嬉戏可能采用与打架相同的行为和动作。因为在工作中受伤并不是大多数人想要的事情，所以高风险的工作往往需要更高的经济补偿来抵消风险。

阿拉斯加（Alaska）附近的商业捕鱼捕蟹非常有利可图——只要你能活着回来。大海汹涌狂暴，有时船只连求救信号都来不及发出，就消失得无影无踪了。许多人在变幻莫测、湿滑寒冷的环境中被卷落水中或被重型设备致残。商业捕鱼船队的规模相对较小，所以它是地球上最危险的工作之一。美国疾病控制和预防中心（US Centers for Disease Control and Prevention）对此表示赞同。1992—2008 年，每 10 万名从事商业捕鱼的渔民中有 128 人死亡，而所有其他工作中每 10 万名工人中只有 4 人死亡。阿拉斯加沿海的商业捕鱼比美国东北部的商业捕鱼要稍微危险一些，美国东北部是美国第二危险的捕鱼地点。在阿拉斯加的渔船上，这些危险必须得到补偿。商业捕蟹船上的船长每年可以拿到 20 万美元，而船员只需从事几个月非常艰苦和危险的劳动，每年的收入就可能高达 10 万美元。这种高额的薪酬进一步表明，我们对成本和收益以及对危险情况的控制程度都很敏感。

（5）结果的类型会影响恐惧的对象。我们可能更害怕极端的、骇人的结果。脚指甲发黄的风险可能很难引起太多关注，这顶多只能影响你在健身俱乐部的地位，除非你是一个超级名模，而如果你真是名模的话你可能会有一份保险。然而，痛苦、血腥的截肢风险会吸引大多数人的注意力。我们所有人都希望避免重大的身体创伤事件。

在波音公司（Boeing）的新 737 Max 飞机开始从空中坠落时，他们就应该知道这一点。飞机失事在新闻中有着特殊的重要性：我们会被这种事件深深吸引。失事的真正原因往往需要时间才能查清，但每一次失事都会立刻引来疯狂的猜测和讨论。为什么呢？商业飞机坠毁会激活我们固有的偏见。人们像沙丁鱼一样挤在一个加压的罐子里，以近乎音速的速度疾驰，飞行中一切都不在人们的控制之中。以超过500英里的时速撞向地面（或大海），其结果简直太过骇人了；飞机和身体都碎若齑粉。尽管有这些极端、极其罕见的结果，现代商业航空旅行还是格外安全的，广泛引用的数据显示，乘坐商业飞机比开车去机场更为安全，这是事实。尽管如此，保持对飞机、飞机零部件和飞行员认证监管系统的信任是至关重要的，任何暗示腐败或品控欠佳的谣言都会立即成为他人的把柄。

如果当时能够对公众、美国联邦航空管理局和世界各地的其他监管机构完全透明地公开其调查情况，波音公司还是有可能减轻对2018年底和2019年初波音737 Max两起坠机事件所引发的一些恐惧。如果当时主动要求立即停飞机队，直到问题得到解决，他们本可以避免失去公众信任。任何一家公司最不想看到的就是客户对他们的产品产生恐惧和焦虑。

（6）*我们可能更害怕未知的东西，而不是已知的东西。*这很可能解释了为什么人们会害怕核电站，尽管自1957年美国希平港原子能发电站*（Shippingport Atomic Power Station）开始运行以来，还没有发生过任何与核能有关的死亡事件。相比之下，仅在1999—2015年，美国就有超过50万人死于枪支。枪支造成的死亡在美国排第12位，也是他杀和自杀致死中的第一大原因。平均每年有33 400人死于枪支。然

* 希平港原子能发电站位于宾夕法尼亚州希平港，是世界上第一座商用核电站，于1957年12月正式并网发电。该电站已于1982年10月宣布退役。——译者注

而，至少从政策的角度来看，我们对核电站的恐惧超过了枪支。

我们了解得越多，恐惧就越少；教育可以使我们免于错误的恐惧。当人们第一次认识到艾滋病毒是一种致命的可传播疾病时，人们害怕通过触摸感染，因此，艾滋病毒抗体阳性患者受到歧视和孤立。在人们了解到艾滋病毒只能通过体液传播后，许多人最初的那些恐惧减轻了，患者也不再被污名化了。但是，要当心过度的熟悉可能会助长自以为是的心态。如果某件事情真的具有风险，保持警惕是值得的。

（7）*演化的作用体现在个体层面上*。我们应该认识到，当我们关注自己的个人福祉、亲属的福祉，或许还有虽非亲属但却是亲密伙伴的福祉时，就已经表明我们是自然选择的产物。我们在第 8 章中已经了解到，地松鼠在发出危险警报叫声时对听众相当敏感，如果近缘在听力所及范围之内时，它们更有可能会发出警报。采取这种策略的松鼠比那些叫声辨识度较低的松鼠能繁衍更多的后代。

相较于人口统计数字，我们更关心的是亲人和个人。大多数枪支暴力事件都有一个受害者。对我们中的许多人来说，这些受害者是陌生人。媒体报道将这些谋杀案个性化并对幸存者的痛苦大加渲染，这可能是传达枪支暴力造成的恶果，使风险和代价更加具象化的一个有效方式。在恐怖袭击或其他大规模伤亡事件发生后，将受害者个性化的报道最有可能帮助我们理解事件的严重性。政客们深谙这一点，并经常试图通过讲述个别受害者的故事来操控我们对安全的看法，他们会把这些故事与某个更大的问题联系起来，然后提出他们的政策（边境墙、医疗保健改革等）作为解决方案。新冠肺炎大流行期间，洛杉矶市长埃里克·加尔切蒂（Eric Garcetti）封闭城市并要求洛杉矶人待在家里，我亲眼见证了这一点。保持社交距离作为一项措施被提了出来，用以拯救我们的邻里和亲人，减轻医疗机构的负担，这些医疗机构正在拼命拯救那些危在旦夕的生命。如果我们能够理解为什么我们会对那些叙述个体故事的信息做出反应，那么我们就可以用数据来说话，更好地客观地评估真正的风险。

（8）损害范围的大小也可能会影响我们对风险的评估。损害只发生在某个个体身上还是分散在整个环境中？绝大多数生物占据着地球上相对较小的一片区域，并且已经演化出了各种机制，能对发生在它们所占据区域的事物进行评估。当旱獭远离具有保护作用的洞穴时，更容易受到伤害，它们认为能见度受限的地区会有更大的风险。然而，为了躲避大型食肉动物，薮羚会寻找茂密的林区。如果这些物种所在地的景观被改变，它们针对风险的评估也会改变。

然而，我们所造成的损害范围是全球性的。对我们来说，要把我们个人的碳足迹与全球能源消耗和二氧化碳排放总量所造成的影响联系起来，是极其困难的。我们无法理解一场核战争的空间规模，它具有全球性的影响。而且，我们无法理解核泄漏的时间尺度。在一个人口稠密的地区，一场真正严重的核泄漏可以很轻易地夺走或缩短无数人的生命，同时使该地区上百年都不再适合居住。通过将损害人格化，并赋予其人性化的一面，我们或许能够更好地理解风险。可悲的是，气候导致的灾难越来越普遍，我们可以很清楚地看到超级风暴所带来的痛苦。我们的先人以及先人的先人都是讲故事的高手，我们是他们的传人，好的故事可以有效地激发行动。要确保是正确的行动，就要考虑核实信息的来源。

（9）恐惧可能与发生地有关。黄石国家公园北部的马鹿对有可能遇到狼群的地方有着一种复杂的评估，还会随时间而不断变化。人和马鹿一样，想到曾有过不快经历的地方时，会变得焦虑不安，这完全可以预料。退一步说，这种洞察力可以解释人类的一些奇怪反应。一天，我妻子贾尼丝开车带着她来访的父母去海滩，突然红灯摄像机闪了起来。她后来告诉我，当时她正行驶在加州卡尔弗城过贝多芬街（Beethoven Street），恰好走到十字路口中间时，她以为黄灯变成了红灯。她担心有一天会有自动抓拍交通违规的罚单出现在信箱里。出乎意料的是，信箱里却一直没有出现罚单。但在此后至少 10 年里，每次我们走近贝多芬街（而且只有贝多芬街），她都会提醒有红灯摄像机。当然，要到贝多芬街，我们大概已经路过了 10 个红灯摄像机，这些红灯摄像机并没有让她焦虑。通过了解我们内在的旱獭，我们可以解释自己的一些特殊行为，或许还可以解释我们所爱的人的行为。

（10）风险取决于环境。我们已经知道，我们的生理状态可以影响我们对风险的感知，这一点我们从旱獭对是否发出警报的决策中已经看到。这意味着我们应该预期到，我们的状态或条件以及其他各种外部刺激会影响我们的实际幸福感和安全感，以及我们对幸福感和安全感的感知。

（11）我们会习惯性地高估小的风险，低估大的风险。例如，我们高估了肉毒杆菌造成的死亡人数，而低估了癌症造成的死亡人数。错误管理理论解释了我们这种偏见的生物学基础。该理论预测，当获益巨大时，即使成功的机会很小，我们也应该按照民间所谓“不入虎穴，焉得虎子”的说法行事。错误管理理论还表明，如果一个错误的代价特别巨大，我们就应该保守行事。在许多情况下，特别是当一个错误的成本巨大时，往往会高估风险。我们从内瑟的烟雾探测器原理中看到了这一点（当你把面包烤煳时，最好让烟雾探测器响起，确保真有火灾发生时它会响起），而错误管理理论让我们了解什么时间会如此以及为什么会如此。焦虑具有适应性，如果错误的代价特别高，做出谨慎反应是有意义的。大量关于决策的实证研究文献都对一些偏见做过研究。尽管上述特性均为人类的特质，但是正式决策理论采用数学方法计算出最优决策，还提供了一个很有价值的风险评估框架。

决策理论研究人员提出了整合风险不同属性的统计方法。一种强大的统计技术将风险的不同特点综合在一起，使我们能够在两个不同维度上将风险可视化。第一个维度包括以下风险属性：结果的偶然性或延迟程度、未知程度、科学对它的理解程度、不可控程度、灾难性以及恐怖程度。沿着这个轴线，核能、杀虫剂和食品色素等风险得分特别高，而滑雪、酒精饮料、游泳和登山得分特别低。人们有意识地决定去滑雪、饮酒、游泳和爬山，但他们也会受到核能、杀虫剂和食品色素的影响。第二个维度对这些风险进行了进一步区分，主要涉及危险的确定性，比如是否致命、恐怖程度以及灾难性等。在这个轴线上，像一般性航空、手枪和核能这样的风险得分很高，而家用电器、动力割草机和食品色素等得分很低。

因此，在这两个维度上，枪支和核电都被认为肯定是致命的，对此普遍有恐惧感，但核电被视作具有偶然性，其影响具有延迟性。因此，我们对这些风险的评估是不同的，这就是为什么核电会被认为比枪支的风险更大的原因。为了善用我们的恐惧来更好地生活，我们必须磨炼我们的风险评估能力。我们必须在不确定的情况下自如地做出决策，必须明智地见机行事。我们应该接受决策理论，并在做出重大决定时更多地使用决策理论，包括把票投给谁。

（12）*社会性可以调节恐惧*。无论是通过群居来躲避捕食者，还是听从他人的意见，动物们都能从彼此的相处中获得反捕的好处。最近的研究甚至表明，社会性调节可以预防大鼠的条件性恐惧。我认为这对我们也同样适用。恐惧和其他情绪是可以传染的，通过关注他人情绪的变化，我们可以迅速对威胁做出反应。这些反应可能植根于我们的共情能力。

但如今共情能力严重缺乏。我们往往对那些有不同信仰的人横加指责，而不是去尝试了解他们的背景。我们固执己见，对有相似立场的人我们去交往，对其他人的不同立场却不予尊重。谢里·特克尔（Sherry Turkle）在《重拾对话》（*Reclaiming Conversation*）一书中写道，许多人回避对话，更喜欢通过文字交流，这就消除了对有意义的共情沟通极为重要的所有社交暗示。这其实是一件很糟糕的事。据称，开放式办公室的结构设计旨在促进人际互动，但实际上，这样的办公室布局可能加剧人们彼此之间基于文字的交流。数据也证实了这一点，这很令人遗憾。伊桑·伯恩斯坦（Ethan Bernstein）和斯蒂芬·蒂尔邦（Stephen Turban）对办公人员在开放式办公室和较为传统的办公室中的沟通方式进行量化研究中发现，在开放式办公室中，人们会选择缩到自己的办公桌或工位，实际上更多的是通过文本而不是面对面进行沟通。

重获共情能力的一个方法是与邻居举行更多的晚餐聚会，就富有争议的话题以及这些话题背后所隐含的恐惧进行讨论，发表不同的观点。通过与他人交谈和倾听，我们可以理解为什么他人的观点会与我们的不同。通过与他人就我们的恐惧进行有意义的对话，让我们的共情能力来减少恐惧。当然，社会传播是一种力量倍增器，也可能会走向反面。因此，我们必须防止社会因素成为恐惧增强器，必须防止只听取具有相似观点的人的意见。要做出最好的决策，就必须要寻找相对立的观点来挑战我们的假设，这点非常重要。越来越多的文献表明，与多样化程度稍低的团体相比，当背景不同、观点各异的人组成团体在一起工作时，他们做出的决策会更明智。

（13）*无论是通过条件性恐惧还是习惯化，学习都会对风险评估产生深刻影响。*我们知道，动物有一些先天的倾向性，会对某些事物做出恐惧反应，但我们从尤金袋鼠和各种鱼类身上了解到，往往需要与捕食者打交道的经验来磨炼这些能力。对于像我们这样复杂、长寿的物种来说，我们应该认为，学习是我们如何对各种事件和物体做出恐惧反应的一个重要机制。即使我们从未真正受到它们的威胁，我们也愿意去学会害怕蛇和蜘蛛。

我们的文化受到社会化学习的驱动，教给了我们合理和不合理的恐惧。我们应该意识到社会化学习的力量倍增效应，认识到我们有时可能会学到对不该恐惧的事物产生恐惧。我认为这种学习到错误事物的风险迫使我们要正确估量各类事件的各种风险，并将无论是涉及个人的还是政治的决策，建立在现有的最佳证据基础之上。

（14）*必须留意周围的环境*。发出鸣叫声的孔雀或是蕉鹃会向整个群落传达周围有可怕东西，就像它们一样，在面临威胁的情况下，我们应该对新的信息来源持开放态度，帮助我们更好地估量风险，即使新的信息来源并非传统的信息来源。然而，我们应该对这些潜在的信息来源进行不断地评估。从生态学的角度来看，不同物种之间无处不在的联系，意味着保持多样化的生态群落可能对它们的生存至关重要，对我们也是如此。

（15）*那些试图用恐惧操纵我们的人特别容易对我们造成影响*。在某些情况下，操纵他人的恐惧可以成为激励变革的有效方式。恐惧可以用来促使我们采取更健康的做法，让我们在飓风来临之前撤离，让我们为防震做好准备。我们的损失厌恶偏差可以用来鼓励人们做出明智的决定，去了解某种药品、某项外科手术的真正风险，或者一些事情（比如污染）的代价。

但是这项知识也可能会被恶意利用，我们要防止自己成为被利用的目标，也要保护他人不被利用。要做到这一点，就要停下来，重新思考一下问题。例如，与其关注每年有多少人死于恐怖袭击，不如关注有多少人没有死于恐怖袭击。幸运的是，在大多数国家，死于恐怖袭击的概率相当小。另一种预防被错误信息误导的方法就是显示我们对错误信息的敏感程度。就这种敏感性而言，我们可以教导人们对旨在灌输恐惧情绪的简单信息保持怀疑态度，并要求对方提供简单因果关系的证据。

但我们正面临着一项新的挑战。我们正处于一个巨大的错配之中，这是我们通过文化改造我们的环境造成的，我们改良出的决策规则可能已不再适用。当正在接近物体的速度超过一定的阈值后，鸟类就无法估计出物体的速度，因为它们还没有演化出避免撞上正在接近的飞机的机制。就像鸟类一样，我们也没有演化到能够完全理解现代环境的许多新特征的程度。我们曾经用棍棒石头打仗，因无法真正判断出使用核武器的危害。我们已经演化到根据气温的即刻变化调整我们的行为；天气冷了，我们会穿上毛衣；遇到过热的东西时，手会迅速移开。但是，我们现在无法通过调整我们的行为来正确应对未来某个时刻可能出现的人为气候变化。然而，如果我们的行为改变导致了这些问题的发生，那改变我们的行为也必然会成为问题的解决方案。

我们确实有能力在行为上做出某些经过深思熟虑的改变，以应对我们在演化中没有准备好应对的刺激。这种刺激的一个例子就是我们24小时不断收到的，在我们的电视机、手机和电脑上随时都可以看到的颇具威胁性的最新资讯。我们可能会习惯于这种过度刺激，但如果是这样，我们就会有另一种风险，那便是失去对重要信息的敏感性。失去了恐惧，就失去了对我们来说至关重要的东西——一些人的特性。经过不断演化，我们已经能运用一系列复杂的神经化学反应对威胁做出即时反应，这一系列反应不仅我们在用，我们的祖先过去也一直都是如此。然而对许多人来说，HPA 轴的不断激活只会带来压力和犹豫不决。我们应该了解这些反应，而且如果有必要，可放慢我们接受信息的速度，以便在必要时做出适当的反应。

随着年龄的增长，我变得越发小心谨慎。而且，我们的大脑结构也会随着年龄增长，发生着类似变化。最近的一项研究发现，右顶叶皮层的相对大小与风险承受有关，这部分大脑会随着年龄的增长而萎缩。就我个人而言，我并不认为自己随着年龄增大而变得胆怯了，但是现在做出的决定的确是和我年富力强、适应力强的时候不一样了，这是自然的。

虽然我在海边长大，游泳、人体冲浪和卧板冲浪伴随着我成长，但 40 岁时我才真正开始冲浪。我和家人在海边度过了美妙的时光。比如有一天我和戴维坐在船上，惊恐地发现两对海豚把一大群各种各样的鱼赶到我们脚下，聚成了饵球。褐鹈鹕和双冠鸬鹚在我们身边一头扎入水里，加入这场觅食盛宴，等它们叼着鱼得意洋洋地浮出水面时，却遭到了西美鸥的攻击，它们仿佛是直接从《海底总动员》(*Finding Nemo*)的场景中摇身而出，企图将鱼据为己有。还有的时候，海豹或海狮在我们身边探出头来，好奇地打量着我们，毛茸茸的胡须在晨曦中反着光。又或者在那些寂静的日子里，海浪徐徐而至，而我们只是静静地坐在那里享受这一刻。

我知道，我永远也不会再冲大浪了；我也不会再用冰斧和绳索登上坡度为 45°～50° 的滑道，再从那里滑雪下来；我再也不会攀登那座 7 000 米的山峰，也不会攀登长长的、岩石裸露的山脊。那些日子都已成为我的过去。这些天，我很满足于徒步到一片如茵的草地，或是眺望远方，打个盹，醒来后，看看大自然中的生命与胜景。

现在，我有对家庭的责任，有自有房屋，有更多的东西会失去，也渴望更多的安定。因为会有所失，所以我害怕失去我所认为的任何稳定。

但当我发现我的恐惧是从一长列的祖先（包括人类祖先和非人类祖先）那里因袭而来，我感到非常欣慰。它是一种继承下来的财富，是一个强大的盟友。当然，它也是一个恼人的、有时是无法容忍的伙伴。它是一个指南针，如果校准得当，可以引导我们远离危险，把握先机。

在某种程度上，我们与恐惧的关系就是来自生活的一种智慧。因为不可能消除风险，我们的恐惧和焦虑有助于我们做出正确的决策。既然我们无法消除恐惧和焦虑，我们就应该拥抱恐惧，同时向恐惧发出挑战。《芝加哥论坛报》（*Chicago Tribune*）记者玛丽·施米希（Mary Schmich）在 1997 年曾这样写道："每天做一件让你害怕的事情吧。"

延伸阅读

知识是在我们睿智先人的基础上累积起来的。我个人的大部分知识都是通过阅读他人的研究而得来的。然而，本书并非一部纯粹的学术专著，因此为了强化可读性，只好忍痛决定将要提供的参考材料限定于为数不多的一些重要资源上，其中特别包括了那些通过互联网或图书馆系统唾手可得的重要材料。

序言

"Cognitive Bias Codex." Categorization by Buster Benson. Design by John Manoogian Ⅲ. Available from Wikimedia Commons, https://commons.wikimedia.org/wiki/File: The_Cognitive_Bias_Codex_180%2B_biases,_designed_by_John_Manoogian_ Ⅲ _(jm3).png.

de Waal, Frans B. M. "Anthropomorphism and Anthropodenial: Consistency in Our Thinking about Humans and Other Animals." *Philosophical Topics* 27 (1999): 255–280.

DuPont, Robert L., Dorothy P. Rice, Leonard S. Miller, Sarah S. Shiraki, Clayton R. Rowland, and Henrick J. Harwood. "Economic Costs of Anxiety Disorders." *Anxiety* 2 (1996): 167–172.

Lépine, Jean-Pierre. "The Epidemiology of Anxiety Disorders: Prevalence and Societal Costs." *Journal of Clinical Psychiatry* 14 (2002): 4–8.

Natterson-Horowitz, Barbara, and Kathryn Bowers. *Zoobiquity: The Astonishing Connection between Human and Animal Health*. New York: Vintage, 2013.

Pimm, Stuart L., Clinton N. Jenkins, Robin Abell, Thomas M. Brooks, John L. Gittleman, Lucas N. Joppa, Peter H. Raven, Callum M. Roberts, and Joseph O. Sexton. "The Biodiversity of Species and Their Rates of Extinction, Distribution, and Protection." *Science* 344 (2014): 1246752.

Shubin, Neil. *Your Inner Fish: A Journey into the 3.5-Billion-Year History of the Human Body*. New York: Vintage, 2008.

第 1 章　复杂的神经化学物质

Balavoine, Guillaume, and André Adoutte. "The Segmented Urbilateria: A Testable Scenario." *Integrative and Comparative Biology* 43 (2003): 137–147.

Bercovitch, Fred B., Marc D. Hauser, and James H. Jones. "The Endocrine Stress Response and Alarm Vocalizations in Rhesus Macaques." *Animal Behaviour* 49 (1995): 1703–1706.

Blumstein, Daniel T., Janet Buckner, Sajan Shah, Shane Patel, Michael E. Alfaro, and Barbara Natterson-Horowitz. "The Evolution of Capture Myopathy in Hooved Mammals: A Model for Human Stress Cardiomyopathy?" *Evolution, Medicine, and Public Health* 2015 (2015): 195–203.

Blumstein, Daniel T., Benjamin Geffroy, Diogo S. M. Samia, and Eduardo Bessa, eds. *Ecotourism's Promise and Peril: A Biological Evaluation*. Cham, Switzerland: Springer, 2017.

Blumstein, Daniel T., Marilyn L. Patton, and Wendy Saltzman. "Faecal Glucocorticoid Metabolites and Alarm Calling in Free-Living Yellow-Bellied Marmots." *Biology Letters* 2 (2006): 29–32.

Goymann, Wolfgang, and John C. Wingfield. "Allostatic Load, Social Status and Stress Hormones: The Costs of Social Status Matter." *Animal Behaviour* 67 (2004): 591–602.

McNaughton, Neil, and Philip J. Corr. "A Two-Dimensional Neuropsychology of Defense: Fear/Anxiety and Defensive Distance." *Neuroscience and Biobehavioral Reviews* 28 (2004): 285–305.

Mobbs, Dean, and Jeansok J. Kim. "Neuroethological Studies of Fear, Anxiety, and Risky Decision-Making in Rodents and Humans." *Current Opinion in Behavioral Sciences* 5 (2015): 8–15.

Mobbs, Dean, Predrag Petrovic, Jennifer L. Marchant, Demis Hassabis, Nikolaus Weiskopf, Ben Seymour, Raymond J. Dolan, and Christopher D. Frith. "When Fear Is Near: Threat Imminence Elicits Prefrontal-Periaqueductal Gray Shifts in Humans." *Science* 317 (2007): 1079–1083.

Natterson-Horowitz, Barbara, and Kathryn Bowers. *Zoobiquity: The Astonishing Connection between Human and Animal Health*. New York: Vintage, 2013.

Nesse, Randolph M., and Elizabeth A. Young. "Evolutionary Origins and Functions of the Stress Response." In *Encyclopedia of Stress*, 3 vols., ed. George Fink, 2: 79–84. San Diego: Academic Press, 2000.

Nesse, R. M., S. Bhatnagar, and B. Ellis. "Evolutionary Origins and Functions of the Stress Response System." In *Stress: Concepts, Cognition, Emotion, and Behavior*, ed. George Fink, 95–101. Handbook of Stress, vol. 1. London: Academic Press, 2016.

Nilsson, Stefan. "Comparative Anatomy of the Autonomic Nervous System." *Autonomic Neuroscience: Basic and Clinical* 165 (2011): 3–9.

Sheriff, Michael J., Charles J. Krebs, and Rudy Boonstra. "The Ghosts of Predators Past: Population Cycles and the Role of Maternal Programming under Fluctuating Predation Risk." *Ecology* 91 (2010): 2983–2994.

———. "The Sensitive Hare: Sublethal Effects of Predator Stress on Reproduction in Snowshoe Hares." *Journal of Animal Ecology* 78 (2009): 1249–1258.

Wingfield, John C., Donna L. Maney, Creagh W. Breuner, Jerry D. Jacobs, Sharon Lynn, Marilyn Ramenofsky, and Ralph D. Richardson. "Ecological Bases of Hormone-Behavior Interactions: The 'Emergency Life History Stage'." *American Zoologist* 38 (1998): 191–206.

第 2 章　小心赫然出现的物体

Blumstein, Daniel T. "Moving to Suburbia: Ontogenetic and Evolutionary Consequences of Life on Predator-Free Islands." *Journal of Biogeography* 29 (2002): 685–692.

———. "The Multipredator Hypothesis and the Evolutionary Persistence of

Antipredator Behavior." *Ethology* 112 (2006): 209–217.

Blumstein, Daniel T., Janice C. Daniel, Andrea S. Griffin, and Christopher S. Evans. "Insular Tammar Wallabies (*Macropus eugenii*) Respond to Visual but Not Acoustic Cues from Predators." *Behavioral Ecology* 11 (2000): 528–535.

Blumstein, Daniel T., Janice C. Daniel, and Brian P. Springett. "A Test of the Multi-Predator Hypothesis: Rapid Loss of Antipredator Behavior after 130 Years of Isolation." *Ethology* 110 (2004): 919–934.

Burger, Joanna, Michael Gochefeld, and Bertram G. Murray Jr. "Role of a Predator's Eye Size in Risk Perception by Basking Black Iguana, *Ctenosaura similis*." *Animal Behaviour* 42 (1991): 471–476.

Chan, Alvin Aaden Yim-Hol, Paulina Giraldo-Perez, Sonja Smith, and Daniel T. Blumstein. "Anthropogenic Noise Affects Risk Assessment and Attention: The Distracted Prey Hypothesis." *Biology Letters* 6 (2010): 458–461.

Chan, Alvin Aaden Yim-Hol, W. David Stahlman, Dennis Garlick, Cynthia D. Fast, Daniel T. Blumstein, and Aaron P. Blaisdell. "Increased Amplitude and Duration of Acoustic Stimuli Enhance Distraction." *Animal Behaviour* 80 (2010): 1075–1079.

Cook, Michael, and Susan Mineka. "Selective Associations in the Observational Conditioning of Fear in Rhesus Monkeys." *Journal of Experimental Psychology Animal Behavior Processes* 16 (1990): 372–389.

Curio, Eberhard. "The Functional Organization of Anti-Predator Behaviour in the Pied Flycatcher: A Study of Avian Visual Perception." *Animal Behaviour* 23 (1975): 1–115.

DeVault, Travis L., Bradley F. Blackwell, Thomas W. Seamans, Steven L. Lima, and Esteban Fernández-Juricic. "Effects of Vehicle Speed on Flight Initiation by Turkey Vultures: Implications for Bird-Vehicle Collisions." *PLoS One* 9 (2014): e87944.

———. "Speed Kills: Ineffective Avian Escape Responses to Oncoming Vehicles." *Proceedings of the Royal Society B* 282 (2015): 20142188.

Griffin, Andrea S., Christopher S. Evans, and Daniel T. Blumstein. "Learning Specificity in Acquired Predator Recognition." *Animal Behaviour* 62 (2001): 577–589.

———. "Selective Learning in a Marsupial." *Ethology* 108 (2002): 1103–1104.

Kawai, Nobuyuki, and Hongshen He. "Breaking Snake Camouflage: Humans Detect Snakes More Accurately Than Other Animals under Less Discernible Visual Conditions." *PLoS One* 11 (2016): e0164342.

Lima, Steven L., Bradley F. Blackwell, Travis L. DeVault, and Esteban Fernández-Juricic. "Animal Reactions to Oncoming Vehicles: A Conceptual Review." *Biological Reviews of the Cambridge Philosophical Society* 90 (2015): 60–76.

Mobbs, Dean, Rongjun Yu, James B. Rowe, Hannah Eich, Oriel FeldmanHall, and Tim Dalgleish. "Neural Activity Associated with Monitoring the Oscillating Threat Value of a Tarantula." *Proceedings of the National Academy of Science USA* 107 (2010): 20582–20586.

Rakison, David H., and Jaime Derringer. "Do Infants Possess an Evolved Spider-Detection Mechanism?" *Cognition* 107, no. 1 (2008): 381–393.

Shibasaki, Masahiro, and Nobuyuki Kawai. "Rapid Detection of Snakes by Japanese Monkeys (Macaca fuscata): An Evolutionarily Predisposed Visual System." *Journal of Comparative Psychology* 123 (2009): 131–135.

Van Le, Quan, Lynne A. Isbell, Jumpei Matsumoto, Minh Nguyen, Etsuro Hori, Rafael S. Maior, Carlos Tomaz, et al. "Pulvinar Neurons Reveal Neurobiological Evidence of Past Selection for Rapid Detection of Snakes." *Proceedings of the National Academy of Science USA* 110 (2013): 19000–19005.

Yorzinski, Jessica L., Michael J. Penkunas, Michael L. Platt, and Richard G. Coss. "Dangerous Animals Capture and Maintain Attention in Humans." *Evolutionary Psychology* 12 (2014): 534–548.

第3章 声音很重要

Arnal, Luc H., Adeen Flinker, Andreas Kleinschmidt, Anne-Lise Giraud, and David Poeppel. "Human Screams Occupy a Privileged Niche in the Communication Soundscape." *Current Biology* 25 (2015): 2051–2056.

Bledsoe, Ellen K., and Daniel T. Blumstein. "What Is the Sound of Fear? Behavioral Responses of White-Crowned Sparrows Zonotrichia leucophrys to Synthesized Nonlinear Acoustic Phenomena." *Current Zoology* 60 (2014): 534–541.

Blumstein, Daniel T., Greg A. Bryant, and Peter Kaye. "The Sound of Arousal in Music Is Context-Dependent." *Biology Letters* 8 (2012): 744–747.

Blumstein, Daniel T., Louise Cooley, Jamie Winternitz, and Janice C. Daniel. "Do

Yellow-Bellied Marmots Respond to Predator Vocalizations?" *Behavioral Ecology and Sociobiology* 62 (2008): 457–468.

Blumstein, Daniel T., Richard Davitian, and Peter D. Kaye. "Do Film Soundtracks Contain Nonlinear Analogues to Influence Emotion?" *Biology Letters* 6 (2010): 751–754.

Blumstein, Daniel T., and Charlotte Recapet. "The Sound of Arousal: The Addition of Novel Non-Linearities Increases Responsiveness in Marmot Alarm Calls." *Ethology* 115 (2009): 1074–1081.

Blumstein, Daniel T., Dominique T. Richardson, Louise Cooley, Jamie Winternitz, and Janice C. Daniel. "The Structure, Meaning and Function of Yellow-Bellied Marmot Pup Screams." *Animal Behaviour* 76 (2008): 1055–1064.

"Children, Youth, Families and Socioeconomic Status." Fact Sheet, American Psychological Association, n.d.. https://www.apa.org/pi/ses/resources/publications/factsheet-cyf.pdf.

Coleman, Andrea, Dominique Richardson, Robin Schechter, and Daniel T. Blumstein. "Does Habituation to Humans Influence Predator Discrimination in Gunther's Dik-Diks (*Madoqua guentheri*)?" *Biology Letters* 4 (2008): 250–252.

Darwin, Charles. *The Expression of Emotions in Man and Animals*. London: John Murray, 1872.

Ekman, Paul. "Facial Expression and Emotion." *American Psychologist* 48 (1993): 384–392.

Hettena, Alexandra M., Nicole Munoz, and Daniel T. Blumstein. "Prey Responses to Predator's Sounds: A Review and Empirical Study." *Ethology* 120 (2014): 427–452.

Johnson, Frances R., Elisabeth J. McNaughton, Courtney D. Shelley, and Daniel T. Blumstein. "Mechanisms of Heterospecific Recognition in Avian Mobbing Calls." *Australian Journal of Zoology* 51 (2003): 577–585.

Lea, Amanda J., June P. Barrera, Lauren M. Tom, and Daniel T. Blumstein. "Heterospecific Eavesdropping in a Nonsocial Species." *Behavioral Ecology* 19 (2008): 1041–1046.

McEwen, Bruce S. "Effects of Stress on the Developing Brain." *Cerebrum* 2011 (2011): 14.

Slaughter, Emily I., Erin R. Berlin, Jonathan T. Bower, and Daniel T. Blumstein.

"A Test of the Nonlinearity Hypothesis in Great-Tailed Grackles (*Quiscalus mexicanus*)." *Ethology* 119 (2013): 309–315.

Zanette, Liana Y., Aija F. White, Marek C. Allen, and Michael Clinchy. "Perceived Predation Risk Reduces the Number of Offspring Songbirds Produce Per Year." *Science* 334 (2011): 1398–1401.

第 4 章　充满危险的气味

Apfelbach, Raimund C., Dixie Blanchard, Robert J. Blanchard, Richard A. Hayes, and Iain S. McGregor. "The Effects of Predator Odors in Mammalian Prey Species: A Review of Field and Laboratory Studies." *Neuroscience and Biobehavioral Reviews* 29, no. 8 (2005): 1123–1144.

Arshamian, Artin, Matthias Laska, Amy R. Gordon, Matilda Norberg, Christian Lahger, Danja K. Porada, Nadia Jelvez Serra, et al. "A Mammalian Blood Odor Component Serves as an Approach-Avoidance Cue across Phylum Border—from Flies to Humans." *Scientific Reports* 7 (2017): 13635.

Berdoy, M., J. P. Webster, and D. W. Macdonald. "Fatal Attraction in Rats Infected with *Toxoplasma gondii*." *Proceedings of the Royal Society B* 267 (2000): 1591–1594.

Blumstein, Daniel T., Lisa Barrow, and Markael Luterra. "Olfactory Predator Discrimination in Yellow-Bellied Marmots." *Ethology* 114 (2008): 1135–1143.

Dewan, Adam, Rodrigo Pacifico, Ross Zhan, Dmitry Rinberg, and Thomas Bozza. "Non-Redundant Coding of Aversive Odours in the Main Olfactory Pathway." *Nature* 497 (2013): 486–489.

Ferrari, Maud C. O., Brian D. Wisenden, and Douglas P. Chivers. "Chemical Ecology of Predator-Prey Interactions in Aquatic Ecosystems: A Review and Prospectus." *Canadian Journal of Zoology* 88 (2010): 698–724.

Ferrero, David M., Jamie K. Lemon, Daniela Fluegge, Stan L. Pashkovski, Wayne J. Korzan, Sandeep R. Datta, Marc Spehr, Markus Fendt, and Stephen D. Liberles. "Detection and Avoidance of a Carnivore Odor by Prey." *Proceedings of the National Academy of Science USA* 108 (2011): 11235–11240.

Fessler, Daniel, and Kevin Haley. "Guarding the Perimeter: The Outside-inside Dichotomy in Disgust and Bodily Experience." *Cognition and Emotion* 20 (2006): 3–19.

Flegr, J. "Influence of Latent Toxoplasma Infection on Human Personality, Physiology and Morphology: Pros and Cons of the Toxoplasma-Human Model in Studying the Manipulation Hypothesis." *Journal of Experimental Biology* 216 (2013): 127–133.

Johnson, Stefanie K., Markus A. Fitza, Daniel A. Lerner, Dana M. Calhoun, Marissa A. Beldon, Elsa T. Chan, and Pieter T. J. Johnson. "Risky Business: Linking Toxoplasma gondii Infection and Entrepreneurship Behaviours across Individuals and Countries." *Proceedings of the Royal Society B* 285 (2018): 20180822.

Jones, Menna E., Raimund Apfelbach, Peter B. Banks, Elissa Z. Cameron, Chris R. Dickman, Anke Frank, Stuart McLean, et al. "A Nose for Death: Integrating Trophic and Informational Networks for Conservation and Management." *Frontiers in Ecology and Evolution* 4 (2016): 124.

Lazenby, Bill T., and Christopher R. Dickman. "Patterns of Detection and Capture Are Associated with Cohabiting Predators and Prey." *PLoS One* 8 (2013): e59846.

McGann, John P. "Poor Human Olfaction Is a 19th-Century Myth." *Science* 356 (2017): eaam7263.

Parsons, Michael H., Raimund Apfelbach, Peter B. Banks, Elissa Z. Cameron, Chris R. Dickman, Anke S. K. Frank, Menna E. Jones, et al. "Biologically Meaningful Scents: A Framework for Understanding Predator-Prey Research across Disciplines." *Biological Reviews of the Cambridge Philosophical Society* 93 (2018): 98–114.

Parsons, Michael H., and Daniel T. Blumstein. "Familiarity Breeds Contempt: Kangaroos Persistently Avoid Areas with Experimentally Deployed Dingo Scents." *PLoS One* 5 (2010): e10403.

Parsons, Michael H., and Daniel T. Blumstein. "Feeling Vulnerable? Indirect Risk Cues Differently Influence How Two Marsupials Respond to Novel Dingo Urine." *Ethology* 116 (2010): 972–980.

Swihart, Robert K., Mary Jane I. Mattina, and Joseph J. Pignatello. "Repellency of Predator Urine to Woodchucks and Meadow Voles." National Wildlife Research Center Repellents Conference, Denver, August 1995. *Proceedings of the Second DWRC Special Symposium*, ed. J. Russell Mason, 271–284. Wisenden, Brian D. "Chemical Cues That Indicate Risk of Predation." In *Fish Pheromones and Related Cues*, ed. Peter W. Sorenson and Brian D. Wisendon, 131–148: Chichester, UK: John Wiley and Sons, 2015.

第5章 提高警惕

Bednekoff, Peter A., and Daniel T. Blumstein. "Peripheral Obstructions Influence Marmot Vigilance: Integrating Observational and Experimental Results." *Behavioral Ecology* 20 (2009): 1111–1117.

Berger, Joel, Jon E. Swenson, and Inga-Lill Persson. "Recolonizing Carnivores and Naive Prey: Conservation Lessons from Pleistocene Extinctions." *Science* 291 (2001): 1036–1039.

Blumstein, Daniel T. "Quantifying Predation Risk for Refuging Animals: A Case Study with Golden Marmots." *Ethology* 104 (1998): 501–516.

Blumstein, Daniel T., and Janice C. Daniel. "Isolation from Mammalian Predators Differentially Affects Two Congeners." *Behavioral Ecology* 13 (2002): 657–663.

Brown, Joel S. "Vigilance, Patch Use and Habitat Selection: Foraging under Predation Risk." *Evolutionary Ecology Research* 1 (1999): 49–71.

Clearwater, Yvonne A., and Richard G. Coss. "Functional Esthetics to Enhance Well-Being in Isolated and Confined Settings." In *From Antarctica to Outer Space*, ed. A. A. Harrison, Y. A. Clearwater, and C. P. McKay, 331–348. New York: Springer, 1991.

Coss, Richard G., and Eric P. Charles. "The Role of Evolutionary Hypotheses in Psychological Research: Instincts, Affordances, and Relic Sex Differences." *Ecological Psychology* 16 (2004): 199–236.

Coss, Richard G., and Ronald O. Goldthwaite. "The Persistence of Old Designs for Perception." *Perspectives in Ethology* 11 (1995): 83–148.

Coss, Richard G., and Michael Moore. "Precocious Knowledge of Trees as Antipredator Refuge in Preschool Children: An Examination of Aesthetics, Attributive Judgments, and Relic Sexual Dinichism." *Ecological Psychology* 14 (2002): 181–222.

Dukas, Reuven, and Alan C. Kamil. "The Cost of Limited Attention in Blue Jays." *Behavioral Ecology* 11 (2000): 502–506.

Ely, Craig R., David H. Ward, and Karen S. Bollinger. "Behavioral Correlates of Heart Rates of Free-Living Greater White-Fronted Geese." *Condor* 101 (1999):

390–395.

Herodotus. *The History of Herodotus*. Translated by George Rawlinson. 3rd ed. New York: Scribner, 1875.

Lankston, Louise, Pearce Cusack, Chris Fremantle, and Chris Isles. "Visual Art in Hospitals: Case Studies and Review of the Evidence." *Journal of the Royal Society of Medicine* 103 (2010): 490–499.

Leiner, Lisa, and Markus Fendt. "Behavioural Fear and Heart Rate Responses of Horses after Exposure to Novel Objects: Effects of Habituation." *Applied Animal Behaviour Science* 131 (2011): 104–109.

Monclús, Raquel, Alexandra M. Anderson, and Daniel T. Blumstein. "Do Yellow-Bellied Marmots Perceive Enhanced Predation Risk When They Are Farther from Safety? An Experimental Study." *Ethology* 121 (2015): 831–839.

Orians, Gordon H. *Snakes, Sunrises, and Shakespeare: How Evolution Shapes Our Loves and Fears*. Chicago: University of Chicago Press, 2014.

Piper, Walter H. "Exposure to Predators and Access to Food in Wintering White-Throated Sparrows *Zonotrichia albicollis*." *Behaviour* 112 (1990): 284–298.

Prins, H. H. T., and G. R. Iason. "Dangerous Lions and Nonchalant Buffalo." *Behaviour* 108 (1989): 262–296.

Simons, Marlise. "Himalayas Offer Clue to Legend of Gold-Digging 'Ants.'" *New York Times*, November 25, 1996, A5.

第 6 章 经济学的逻辑

Blumstein, Daniel T. "Developing an Evolutionary Ecology of Fear: How Life History and Natural History Traits Affect Disturbance Tolerance in Birds." *Animal Behaviour* 71 (2006): 389–399.

———. *An Ecotourist's Guide to Khunjerab National Park*. Lahore: World Wide Fund for Nature-Pakistan, 1995.

———. "Flush Early and Avoid the Rush: A General Rule of Antipredator Behavior?" *Behavioral Ecology* 21 (2010): 440–442.

Blumstein, Daniel T., Esteban Fernández-Juricic, Patrick A. Zollner, and Susan C. Garity. "Inter-Specific Variation in Avian Responses to Human Disturbance." Journal of Applied Ecology 42 (2005): 943–953.

Blumstein, Daniel, Benjamin Geffroy, Diogo Samia, and Eduardo Bessa.

"Ecotourism Could Be Making Animals Less Scared, and Easier to Eat." *The Conversation* website, October 22, 2015. https://theconversation.com/ecotourism-could-be-making-animals-less-scared-and-easier-to-eat-49196.

Blumstein, Daniel T., Benjamin Geffroy, Diogo S. M. Samia, and Eduardo Bessa, eds. *Ecotourism's Promise and Peril: A Biological Evaluation*. Cham, Switzerland: Springer, 2017.

Cooper, William E., and Daniel T. Blumstein, eds. *Escaping from Predators: An Integrative View of Escape Decisions*. New York: Cambridge University Press, 2015.

Darwin, Charles. *Journal of Researches into the Geology and Natural History of the Various Countries Visited by HMS Beagle, under the Command of Captain Fitzroy from 1832 to 1836*. London: Colburn, 1840.

Geffroy, Benjamin, Diogo S. M. Samia, Eduardo Bessa, and Daniel T. Blumstein. "How Nature-Based Tourism Might Increase Prey Vulnerability to Predators." *Trends in Ecology and Evolution* 30 (2015): 755–765.

Samia, Diogo S. M., Daniel T. Blumstein, Mario Díaz, Tomas Grim, Juan Diego Ibáñez-Álamo, Jukka Jokimäki, Kunter Tätte, et al. "Rural-Urban Differences in Escape Behavior of European Birds across a Latitudinal Gradient." *Frontiers in Ecology and Evolution* 5 (2017): 66.

Samia, Diogo S. M., Daniel T. Blumstein, Theodore Stankowich, and William E. Cooper Jr. "Fifty Years of Chasing Lizards: New Insights Advance Optimal Escape Theory." *Biological Reviews of the Cambridge Philosophical Society* 91 (2016): 349–366.

Samia, Diogo S. M., Shinichi Nakagawa, Fausto Nomura, Thiago F. Rangel, and Daniel T. Blumstein. "Increased Tolerance to Humans among Disturbed Wildlife." *Nature Communications* 6 (2015): 8877.

Shaw, Mary, Richard Mitchell, and Danny Dorling. "Time for a Smoke? One Cigarette Reduces Your Life by 11 Minutes." *British Medical Journal* 320 (2000): 53.

Ydenberg, Ron C., and Lawrence M. Dill. "The Economics of Fleeing from Predators." *Advances in the Study of Behavior* 16 (1986): 229–249.

第 7 章　一朝被蛇咬　十年怕井绳

Blumstein, Daniel T. "Attention, Habituation, and Antipredator Behaviour: Implications for Urban Birds." In *Avian Urban Ecology*, ed. Diego Gil and Henrik Blum, 41–53. Oxford: Oxford University Press, 2014.

———. "Habituation and Sensitization: New Thoughts about Old Ideas." *Animal Behaviour* 120 (2016): 255–262.

Chivers, Douglas P., Mark I. McCormick, Matthew D. Mitchell, Ryan A. Ramasamy, and Maud C. O. Ferrari. "Background Level of Risk Deter-mines How Prey Categorize Predators and Non-Predators." *Proceedings of the Royal Society B* 281 (2014): 20140355.

Cohen, Kristina L., Marc A. Seid, and Karen M. Warkentin. "How Embryos Escape from Danger: The Mechanism of Rapid, Plastic Hatching in Red-Eyed Treefrogs." *Journal of Experimental Biology* 219 (2016): 1875–1883.

Fazio, Lisa K., Nadia M. Brashier, B. Keith Payne, and Elizabeth J. Marsh. "Knowledge Does Not Protect against Illusory Truth." *Journal of Experimental Psychology: General* 144 (2015): 993–1002.

Ferrari, Maud C. O., François Messier, and Douglas P. Chivers. "Can Prey Exhibit Threat-Sensitive Generalization of Predator Recognition? Extending the Predator Recognition Continuum Hypothesis." *Proceedings of the Royal Society B* 275 (2008): 1811–1816.

Griffin, Andrea S., and Christopher S. Evans. "Social Learning of Antipredator Behaviour in a Marsupial." *Animal Behaviour* 66 (2003): 485–492.

Jeanty, Diane. "Rep. Duncan Hunter Now Fearmongering about Ebola as Well as Isis." *Huffington Post*, October 16, 2014. https://www.huffingtonpost.com/2014/10/16/duncan-hunter-isis-ebola_n_5997754.html.

Khalaf, Ossama, Siegfried Resch, Lucie Dixsaut, Victoire Gorden, Liliane Glauser, and Johannes Gräff. "Reactivation of Recall-Induced Neurons Contributes to Remote Fear Memory Attenuation." *Science* 360 (2018): 1239–1242.

King, Lucy E., Iain Douglas-Hamilton, and Fritz Vollrath. "African Elephants Run from the Sound of Disturbed Bees." *Current Biology* 17 (2007): R832–R833.

Perusini, Jennifer N., Edward M. Meyer, Virginia A. Long, Vinuta Rau, Nathaniel Nocera, Jacob Avershal, James Maksymetz, Igor Spigelman, and Michael S. Fanselow. "Induction and Expression of Fear Sensitization Caused by Acute Traumatic Stress." *Neuropsychopharmacology* 41 (2016): 45–57.

"Prolonged Exposure for PTSD." National Center for PTSD, U.S. Department of

Veterans Affairs. https://www.ptsd.va.gov/understand_tx/prolonged_exposure.asp.

Rau, Vinuta, and Michael S. Fanselow. "Exposure to a Stressor Produces a Long Lasting Enhancement of Fear Learning in Rats: Original Research Report." *Stress* 12 (2009): 125–133.

Sebastian, Simone. "Examining 1962's 'Laughter Epidemic.'" *Chicago Tribune*, July 29, 2003.

Steketee, Jeffery D., and Peter W. Kalivas. "Drug Wanting: Behavioral Sensitization and Relapse to Drug-Seeking Behavior." *Pharmacological Reviews* 63 (2011): 348–365.

"World Urbanization Prospects, 2018 Revision." Population Division, United Nations Department of Economic and Social Affairs, May 16, 2018. https://www.un.org/development/desa/publications/2018-revision-of-world-urbanization-prospects.html.

第 8 章　倾听信号发出者的声音

Barrera, June P., Leon Chong, Kaitlin N. Judy, and Daniel T. Blumstein. "Reliability of Public Information: Predators Provide More Information about Risk Than Conspecifics." *Animal Behaviour* 81 (2011): 779–787.

Benyus, Janine M. *Biomimicry: Innovation Inspired by Nature*. New York: Morrow, 1997.

Bercovitch, Fred B., Marc D. Hauser, and James H. Jones. "The Endocrine Stress Response and Alarm Vocalizations in Rhesus Macaques." *Animal Behaviour* 49 (1995): 1703–1706.

Blumstein, Daniel T. "The Evolution, Function, and Meaning of Marmot Alarm Communication." *Advances in the Study of Behavior* 37 (2007): 371–401.

Blumstein, Daniel T., Holly Fuong, and Elizabeth Palmer. "Social Security: Social Relationship Strength and Connectedness Influence How Marmots Respond to Alarm Calls." *Behavioral Ecology and Sociobiology* 71 (2017): 145.

Blumstein, Daniel T., and Olivier Munos. "Individual, Age and Sex-Specific Information Is Contained in Yellow-Bellied Marmot Alarm Calls." *Animal Behaviour* 69 (2005): 353–361.

Blumstein, Daniel T., Marilyn L. Patton, and Wendy Saltzman. "Faecal Glucocorticoid Metabolites and Alarm Calling in Free-Living Yellow-Bellied Marmots." *Biology*

Letters 2 (2006): 29–32.

Blumstein, Daniel T., Jeff Steinmetz, Kenneth B. Armitage, and Janice C. Daniel. "Alarm Calling in Yellow-Bellied Marmots: Ⅱ. The Importance of Direct Fitness." *Animal Behaviour* 53 (1997): 173–184.

Blumstein, Daniel T., Laure Verneyre, and Janice C. Daniel. "Reliability and the Adaptive Utility of Discrimination among Alarm Callers." *Proceedings of the Royal Society B*: 271 (2004): 1851–1857.

Carrasco, Malle F., and Daniel T. Blumstein. "Mule Deer (Odocoileus hemionus) Respond to Yellow-Bellied Marmot (Marmota flaviventris) Alarm Calls." *Ethology* 118 (2012): 243–250.

Cheney, Dorothy L., and Robert M. Seyfarth. *How Monkeys See the World: Inside the Mind of Another Species*. Chicago: University of Chicago Press, 1990.

Clay, Zanna, Carolynn L. Smith, and Daniel T. Blumstein. "Food-Associated Vocalizations in Mammals and Birds: What Do These Calls Really Mean?" *Animal Behaviour* 83 (2012): 323–330.

Ducheminsky, Nicholas, S. Peter Henzi, and Louise Barrett. "Responses of Vervet Monkeys in Large Troops to Terrestrial and Aerial Predator Alarm Calls." *Behavioral Ecology* 25 (2014): 1474–1484.

Evans, Christopher S. "Referential Communication." *Perspectives in Ethology* 12 (1997): 99–143.

Fuong, Holly, Adrianna Maldonado-Chaparro, and Daniel T. Blumstein. "Are Social Attributes Associated with Alarm Calling Propensity?" *Behavioral Ecology* 26 (2015): 587–592.

Goodale, Eben, Guy Beauchamp, and Graeme D. Ruxton. *Mixed-Species Groups of Animals: Behavior, Community Structure, and Conservation*. London: Academic Press, 2017.

Hingee, Mae, and Robert D. Magrath. "Flights of Fear: A Mechanical Wing Whistle Sounds the Alarm in a Flocking Bird." *Proceedings of the Royal Society B* 276 (2009): 4173–4179.

Lea, Amanda J., June P. Barrera, Lauren M. Tom, and Daniel T. Blumstein. "Heterospecific Eavesdropping in a Nonsocial Species." *Behavioral Ecology* 19 (2008): 1041–1046.

Magrath, Robert D., Tonya M. Haff, Jessica R. McLachlan, and Branislav Igic. "Wild

Birds Learn to Eavesdrop on Heterospecific Alarm Calls." *Current Biology* 25 (2015): 2047–2050.

Manser, Marta B. "The Acoustic Structure of Suricates' Alarm Calls Varies with Predator Type and the Level of Response Urgency." *Proceedings of the Royal Society B* 268 (2001): 2315–2324.

Pollard, Kimberly A., and Daniel T. Blumstein. "Social Group Size Predicts the Evolution of Individuality." *Current Biology* 21 (2011): 413–417.

Preisser, Evan L., and John L. Orrock. "The Allometry of Fear: Interspecific Relationships between Body Size and Response to Predation Risk." *Ecosphere* 3 (2012): 1–27.

Shelley, Erin L., and Daniel T. Blumstein. "The Evolution of Vocal Alarm Communication in Rodents." *Behavioral Ecology* 16 (2004): 169–177.

Sherman, Paul W. "Nepotism and the Evolution of Alarm Calls." *Science* 197 (1977): 1246–1253.

Shriner, Walter McKee. "Yellow-Bellied Marmot and Golden-Mantled Ground Squirrel Responses to Heterospecific Alarm Calls." *Animal Behaviour* 55 (1998): 529–536.

Smith, Jennifer E., Raquel Monclús, Danielle Wantuck, Gregory L. Florant, and Daniel T. Blumstein. "Fecal Glucocorticoid Metabolites in Wild YellowBellied Marmots: Experimental Validation, Individual Differences and Ecological Correlates." *General and Comparative Endocrinology* 178 (2012): 417–426.

第 9 章 级联效应

Atkins, Justine L., Ryan A. Long, Johan Pansu, Joshua H. Daskin, Arjun B. Potter, Marc E. Stalmans, Corina E. Tarnita, and Robert M. Pringle. "Cascading Impacts of Large-Carnivore Extirpation in an African Ecosystem." *Science* 364 (2019): 173–177.

Darwin, Charles. *On the Origin of Species by Means of Natural Selection*. London: John Murray, 1859.

Kauffman, Matthew J., Jedediah F. Brodie, and Erik S. Jules. "Are Wolves Saving Yellowstone's Aspen? A Landscape-Level Test of a Behaviorally Mediated Trophic Cascade." *Ecology* 91 (2010): 2742–2755.

Kohl, Michel T., Daniel R. Stahler, Matthew C. Metz, James D. Forester, Matthew

J. Kauffman, Nathan Varley, P. J. White, Douglas W. Smith, and Daniel R. MacNulty. “Diel Predator Activity Drives a Dynamic Landscape of Fear.” *Ecological Monographs* 88 (2018): 638–652.

Lawrence, James, Katharina Schmid, and Miles Hewstone. 2019. “Ethnic Diversity, Ethnic Threat, and Social Cohesion: (Re)-Evaluating the Role of Perceived Out-Group Threat and Prejudice in the Relationship between Community Ethnic Diversity and Intra-Community Cohesion.” *Journal of Ethnic and Migration Studies* 45 (2019): 395–418.

Letnic, Mike, and Freya Koch. “Are Dingoes a Trophic Regulator in Arid Australia? A Comparison of Mammal Communities on Either Side of the Dingo Fence.” *Austral Ecology* 35 (2010): 167–175.

Moseby, Katherine E., Daniel T. Blumstein, and Mike Letnic. “Harnessing Natural Selection to Tackle the Problem of Prey Naïveté.” *Evolutionary Applications* 9 (2016): 334–343.

Moseby, Katherine E., Amber Cameron, and Helen A. Crisp. “Can Predator Avoidance Training Improve Reintroduction Outcomes for the Greater Bilby in Arid Australia?” *Animal Behaviour* 83 (2012): 1011–1021.

Moseby, K. E., G. W. Lollback, and C. E. Lynch. “Too Much of a Good Thing; Successful Reintroduction Leads to Overpopulation in a Threatened Mammal.” *Biological Conservation* 219 (2018): 78–88.

Putman, Robert D. Bowling Alone: *The Collapse and Revival of American Community*. New York: Simon and Schuster, 2000.

Ripple, William J., and Robert L. Beschta. “Trophic Cascades in Yellowstone: The First 15 Years after Wolf Reintroduction.” *Biological Conservation* 145 (2012): 205–213.

Ripple, William J., James A. Estes, Oswald J. Schmitz, Vanessa Constant, Matthew J. Kaylor, Adam Lenz, Jennifer L. Motley, et al. “What Is a Trophic Cascade?” *Trends in Ecology and Evolution* 31 (2016): 842–849.

Sapolsky, Robert M. *Behave: The Biology of Humans at Our Best and Worst*. New York: Penguin, 2017.

Schmitz, Oswald J. “Behavior of Predators and Prey Links with Population Level Processes.” In *Ecology of Predator-Prey Interactions*, ed. Pedro Barbosa and Ignacio Castellanos, 256–278. Oxford: Oxford University Press, 2005.

Suraci, Justin P., Michael Clinchy, Lawrence M. Dill, Devin Roberts, and Liana Y. Zanette. "Fear of Large Carnivores Causes a Trophic Cascade." *Nature Communications* 7 (2016): 10698.

Waser, Nickolas M., Mary V. Price, Daniel T. Blumstein, S. Reneé Arózqueta, Betsabé D. Castro Escobar, Richard Pickens, and Alessandra Pistoia. "Coyotes, Deer, and Wildflowers: Diverse Evidence Points to a Trophic Cascade." *Naturwissenschaften* 101 (2014): 427–436.

第 10 章　将成本降到最低

Bouskila, Amos, and Daniel T. Blumstein. "Rules of Thumb for Predation Hazard Assessment: Predictions from a Dynamic Model." *American Naturalist* 139 (1992): 161–176.

Callaway, Ewen. "Genghis Khan's Genetic Legacy Has Competition." *Nature News*, January 23, 2015. https://www.nature.com/news/genghis-khan-s-genetic-legacy-has-competition-1.16767.

Dawkins, Richard, and John Richard Krebs. "Arms Races between and within Species." *Proceedings of the Royal Society B* 205 (1979): 489–511.

Finkelman, Fred D. "The Price We Pay." *Nature* 484 (2012): 459.

Foster, K. R., and H. Kokko. "The Evolution of Superstitious and Superstition-Like Behaviour." *Proceedings of the Royal Society B* 276 (2009): 31–37.

Francis, Pope. "*Laudato Si*: On Care for Our Common Home." Encyclical Letter, May 24, 2015. http://www.vatican.va/content/francesco/en/encyclicals/documents/papa-francesco_20150524_enciclica-laudato-si.html.

Gardiner, Stephen M. *A Perfect Moral Storm: The Ethical Tragedy of Climate Change*. Oxford: Oxford University Press, 2011.

"Global Warming of 1.5℃ : Summary for Policymakers." IPCC Special Report, Intergovernmental Panel on Climate Change, Geneva, 2018. https://www.ipcc.ch/sr15/chapter/spm/.

"Greatest Number of Descendants." Guinness Book of World Records, n.d. http://www.guinnessworldrecords.com/world-records/67455-greatest-number-of-descendants.

Haselton, Martie G. "Error Management Theory." In *Encyclopedia of Social Psychology*, 2 vols., ed. Roy F. Baumeister and Kathleen D. Vohs, 1: 311–312.

Thousand Oaks, CA: Sage, 2007.

Haselton, Martie G., and Daniel Nettle. "The Paranoid Optimist: An Integrative Evolutionary Model of Cognitive Biases." *Personality and Social Psychology Review* 10 (2006): 47–66.

Johnson, Dominic D. P. *Overconfidence and War: The Havoc and Glory of Positive Illusions*. Cambridge, MA: Harvard University Press, 2004.

Johnson, Dominic D. P., Daniel T. Blumstein, James H. Fowler, and Martie G. Haselton. "The Evolution of Error: Error Management, Cognitive Constraints, and Adaptive Decision-Making Biases." *Trends in Ecology & Evolution* 28 (2013): 474–481.

Martincorena, Iñigo, Aswin S. N. Seshasayee, and Nicholas M. Luscombe. "Evidence of Non-Random Mutation Rates Suggests an Evolutionary Risk Management Strategy." *Nature* 485 (2012): 95–98.

Milewski, Antoni V., Truman P. Young, and Derek Madden. "Thorns as Induced Defenses: Experimental Evidence." *Oecologia* 86 (1991): 70–75.

"Mother's Day: Five Incredible Records." Guinness Book of World Records, March 14, 2015, "Most Prolific Mother." http://www.guinnessworldrecords.com/news/2015/3/mother%E2%80%99s-day-five-incredible-record-breaking-mums-374460.

Nesse, Randolph M. "The Smoke Detector Principle." *Annals of the New York Academy of Sciences* 935 (2001): 75–85.

Neuhoff, John G. "Looming Sounds Are Perceived as Faster Than Receding Sounds." *Cognitive Research: Principles and Implications* 1 (2016): 15.

Oberzaucher, Elisabeth, and Karl Grammer. "The Case of Moulay Ismael—Fact or Fancy?" *PLoS One* 9 (2014): e85292.

Oreskes, Naomi, and Erik M. Conway. *Merchants of Doubt: How a Handful of Scientists Obscured the Truth on Issues from Tobacco Smoke to Global Warming*. New York: Bloomsbury, 2011.

Orrock, John L., Andy Sih, Maud C. O. Ferrari, Richard Karban, Evan L. Preisser, Michael J. Sheriff, and Jennifer S. Thaler. "Error Management in Plant Allocation to Herbivore Defense." *Trends in Ecology and Evolution* 30 (2015): 441–445.

Pascal, Blaise. *Pascal's Pensées*. Introduction by T. S. Eliot. Boston: E. P. Dutton, 1958.

Sagarin, Rafe. *Learning from the Octopus: How Secrets from Nature Can Help Us Fight Terrorist Attacks, Natural Disasters, and Disease*. New York: Basic Books, 2012.

Sagarin, Raphael. "Adapt or Die: What Charles Darwin Can Teach Tom Ridge about Homeland Security." *Foreign Policy*, September/October 2009.

Sagarin, Raphael D., Candice S. Alcorta, Scott Atran, Daniel T. Blumstein, Gregory P. Dietl, Michael E. Hochberg, Dominic D. P. Johnson, et al. "Decentralize, Adapt and Cooperate." *Nature* 465 (2010): 292–293.

Sagarin, Raphael D., and Terence Taylor. *Natural Security: A Darwinian Approach to a Dangerous World*. Berkeley: University of California Press, 2008.

Trivers, Robert. *The Folly of Fools: The Logic of Deceit and Self-Deception in Human Life*. New York: Basic Books, 2011.

Wiley, R. Haven. "Errors, Exaggeration, and Deception in Animal Communication." In *Behavioral Mechanisms in Evolutionary Ecology*, ed. Leslie A. Real, 157–189. Chicago: University of Chicago Press, 1994.

Young, Truman P. "Herbivory Induces Increased Thorn Length in *Acacia drepanolobium*." *Oecologia* 71 (1987): 436–438.

Young, Truman P., and Bell D. Okello. "Relaxation of an Induced Defense after Exclusion of Herbivores: Spines on *Acacia drepanolobium*." *Oecologia* 115 (1998): 508–513.

第 11 章　我们内心的旱獭

Blumstein, Daniel T. "Fourteen Lessons from Anti-Predator Behavior." In *Natural Security: A Darwinian Approach to a Dangerous World*, ed. Raphael D. Sagarin and Terence Taylor, 147–158. Berkeley: University of California Press, 2008.

Ehrlich, Paul R., and Daniel T. Blumstein. "The Great Mismatch." *BioScience* 68 (2018): 844–846.

"Facts about Skiing/Snowboarding Safety." National Ski Areas Association, Fact Sheet, October 1, 2012. https://www.nsaa.org/media/68045/NSAA-Facts-About-Skiing-Snowboarding-Safety-10-1-12.pdf.

Gardiner, Stephen M. *A Perfect Moral Storm: The Ethical Tragedy of Climate Change*. Oxford: Oxford University Press, 2011.

Ip, Greg. *Foolproof: Why Safety Can Be Dangerous and How Danger Makes Us*

Safe. New York: Little, Brown, 2015.

Lin, Rong-Gong, Ⅱ. "Californians Need to Be So Afraid of a Huge Earthquake That They Take Action, Scientists Say." *Los Angeles Times*, May 27, 2017.

Matter, P., W. J. Ziegler, and P. Holzach. "Skiing Accidents in the Past 15 Years." *Journal of Sports Sciences* 5 (1987): 319–326.

McMillan, Kelley. "Ski Helmet Use Isn't Reducing Brain Injuries." *New York Times*, December 31, 2013.

Mele, Christopher. "How to Get People to Evacuate? Try Fear." *New York Times*, October 6, 2016.

Page, Charles E., Dale Atkins, Lee W. Shockley, and Michael Yaron. "Avalanche Deaths in the United States: A 45-Year Analysis." *Wilderness & Environmental Medicine* 10 (1999): 146–151.

Sagarin, R., D. T. Blumstein, and G. P. Dietl. "Security, Evolution and." In *Encyclopedia of Evolutionary Biology*, 4 vols., ed. R. M. Kliman, 4: 10–15. Oxford: Academic Press, 2016.

Verini, James. "Meth Mouth: Tom Siebel's Brash Anti-Crystal Campaign." *Fast Company*, May 1, 2009. https://www.fastcompany.com/1266054/meth-mouth-tom-siebels-brash-anti-crystal-campaign.

Vrolix, Klara. "Behavioral Adaptation, Risk Compensation, Risk Homeostasis and Moral Hazard in Traffic Safety: Literature Review." Report RA-200695, Universiteit Hasselt, September 2006, https://pdfs.semanticscholar.org/8070/d6cdc9dde91dbfee8f776d43a89e701e8313.pdf.

第 12 章 明智地面对恐惧

Bernstein, Ethan S., and Stephen Turban. "The Impact of the 'Open' Workspace on Human Collaboration." *Philosophical Transactions of the Royal Society B* 373 (2018): 20170239.

Blumstein, Daniel T. *Eating Our Way to Civility: A Dinner Party Guide*. Los Angeles: Marmotophile Publishing, 2011.

Christie, Les. "'Deadliest Catch' Not So Deadly Anymore." *CNN Money*, July 27, 2012. https://money.cnn.com/2012/07/27/pf/jobs/crab-fishing-dangerous-jobs/index.htm.

"Commercial Fishing Deaths—United States, 2000–2009." *Morbidity and Mortality*

Weekly Report, Centers for Disease Control, July 16, 2010. https://www.cdc.gov/mmwr/preview/mmwrhtml/mm5927a2.htm.

De Martino, Benedetto, Colin F. Camerer, and Ralph Adolphs. "Amygdala Damage Eliminates Monetary Loss Aversion." *Proceedings of the National Academy of Sciences USA* 107 (2010): 3788–3792.

Dimitroff, Stephanie J., Omid Kardan, Elizabeth A. Necka, Jean Decety, Marc G. Berman, and Greg J. Norman. "Physiological Dynamics of Stress Contagion." *Scientific Reports* 7 (2017): 6168.

Ehrlich, Paul R., and Daniel T. Blumstein. "The Great Mismatch." *BioScience* 68 (2018): 844–846.

Fischhoff, Baruch, and John Kadvany. *Risk: A Very Short Introduction*. Oxford: Oxford University Press, 2011.

Grubb, Michael A., Agnieszka Tymula, Sharon Gilaie-Dotan, Paul W. Glimcher, and Ifat Levy. "Neuroanatomy Accounts for Age-Related Changes in Risk Preferences." *Nature Communications* 7 (2016): 13822.

"Homicide Report: A Story for Every Victim." *Los Angeles Times*, continually updated. https://homicide.latimes.com/. Ishii, Akiko, Yasushi Kiyokawa, Yukari Takeuchi, and Yuji Mori. "Social Buffering Ameliorates Conditioned Fear Responses in Female Rats." *Hormones and Behavior* 81 (2016): 53–58.

ProCon.org, "International Firearm Homicide Rates: 2010–2015." ProCon.org, Santa Monica, CA, August 7, 2017. https://gun-control.procon.org/view.resource.php?resourceID=006082.

———. "US Gun Deaths by Year." ProCon.org, Santa Monica, CA, August 29, 2018. https://gun-control.procon.org/view.resource.php?resourceID=006094.

Turkle, Sherry. *Reclaiming Conversation: The Power of Talk in a Digital Age*. New York: Penguin, 2016.

van der Linden, Sander, Edward Maibach, John Cook, Anthony Leiserowitz, and Stephan Lewandowsky. "Inoculating against Misinformation." *Science* 358 (Dec. 1, 2017): 1141–1142.

"Why Is the Pain of Losing Felt Twice as Powerfully Compared to Equivalent Gains? Loss Aversion, Explained." The Decision Lab website, n.d., https://thedecisionlab.com/biases/loss-aversion/.

致谢

我从事动物和人类的反捕行为与恐惧研究已有30多年，这本书呈现的就是我研究的收获。我的实证研究得到了以下机构的大力支持：美国国家科学基金会（US National Science Foundation）、澳大利亚研究理事会（Australian Research Council）、美国国家卫生研究院（US National Institutes of Health）、德意志学术交流基金会（German Academic Exchange Foundation）、美国国家地理学会（National Geographic Society）、保罗·S. 维内克拉森研究基金会（Paul S. Veneklasen Research Foundation）、落基山生物实验室，以及加州大学洛杉矶分校、加州大学戴维斯分校和麦考瑞大学。在巴基斯坦工作期间，我是美国巴基斯坦研究所研究员（American Institute of Pakistan Studies Fellow）和富布赖特研究员（Fulbright Fellow）。

感谢肯·阿米蒂奇、戴维·阿姆斯特朗（David Armstrong）、沃尔特·阿诺德（Walter Arnold）、马克·贝科夫（Marc Bekoff）、迪克·科斯、克里斯·埃文斯、彼得·马勒、唐·奥因斯（Don Owings），尤其是朱迪·斯坦普斯（Judy Stamps）给我的精心指导，没有他们，也就不可能有我在动物行为方面的知识集成。

多年来，我在与以下各位的研讨和通信中，学到了许多有关反捕行为和恐惧本质的知识，他们是：路易丝·巴雷特、比尔·贝特曼（Bill Bateman）、彼得·贝德尼科夫、盖伊·比彻姆（Guy Beauchamp）、乔尔·伯杰、奥代德·伯杰-塔勒（Oded Berger-Tal）、卡尔·伯格斯特龙（Carl Bergstrom）、爱德华多·贝萨、阿莫斯·布斯基拉（Amos Bouskila）、蒂姆·卡罗（Tim Caro）、亚历克斯·卡泰（Alex Carthey）、科琳·卡萨迪·圣·克莱尔（Colleen Cassady St. Clair）、道格·奇弗斯、马赛厄斯·克拉森（Mathias Clasen）、迈克尔·克林奇、比尔·库珀（Bill Cooper）、达伦·克罗夫特（Darren Croft）、埃伯哈德·库里奥（Eberhardt Curio）、萨沙·多尔（Sasha Dall）、克里斯·迪克曼（Chris Dickman）、拉里·迪尔、约翰·恩德勒（John Endler）、埃斯特班·费尔南德斯-尤里契奇、莫德·费拉里、帕特里夏·弗莱明（Patricia Flemming）、本杰明·热弗鲁瓦、艾利森·格雷戈尔（Alison Greggor）、安德烈娅·格里芬、罗布·哈考特（Rob Harcourt）、詹姆斯·黑尔（James Hare）、约翰·霍格兰（John Hoogland）、多米尼克·约翰逊、门纳·琼斯（Menna Jones）、马特·考夫曼（Matt Kauffman）、彼得·凯、阿里克·科申鲍姆（Arik Kershenbaum）、迈克·莱尼克、史蒂夫·利马（Steve Lima）、马克·曼格尔（Marc Mangel）、玛尔塔·曼瑟、迪安·莫布斯、安德斯·莫勒（Anders Møller）、拉克尔·蒙克卢斯、凯瑟琳·莫斯比、迈克尔·帕森斯、布里·帕特曼（Bree Putman）、雷夫·塞格林、温迪·萨尔茨曼（Wendy Saltzman）、迪奥戈·萨米亚、罗杰·赛法特（Roger Seyfarth）、安迪·西赫（Andy Sih）、让·史密斯（Jenn Smith）、特德·斯坦科维奇（Ted Stankowich）、特伦斯·泰勒（Terrence Taylor）、德克·范维润（Dirk Van Vuren）、海尔特·弗尔迈伊（Geerat Vermeij）、丽贝卡·韦斯特（Rebecca West）、伊登伯格，以及利安娜·扎内特。

虽然我与世界各地的人们都有合作，但我觉得自己特别幸运，在自己的工作单位能拥有这样的一些同事，可以同他们一起围绕着有关恐惧本质的各种观点进行讨论。他们是迈克·阿尔法罗（Mike Alfaro）、保罗·巴伯（Paul Barber）、亚伦·布莱斯德尔、格雷格·布莱恩特、史蒂夫·科尔（Steve Cole）、丹·费斯勒（Dan Fessler）、佩姬·方（Peggy Fong）、帕蒂·格瓦蒂（Patty Gowaty）、格雷格·格雷瑟（Greg Grether）、马尔蒂耶·哈兹尔顿（Martie Haselton）、芭芭拉·纳特森-霍罗威茨、杰米·劳埃德-史密斯（Jamie Lloyd-Smith）、彼得·诺纳克斯（Peter Nonacs）、诺亚·平特-沃尔曼（Noa Pinter-Wollman）、梅森·波特（Mason Porter）、汤姆·史密斯（Tom Smith）、布莱尔·范瓦肯伯格（Blaire Van Valkenburgh）、鲍勃·韦恩（Bob Wayne），以及帕梅拉·叶（Pamela Yeh）。

我有幸能与大约200名本科生，还有许多研究生和一些优秀的博士后研究员一起发表过论文。我非常感激他们给我生活所带来的活力与梦想。感谢加州大学洛杉矶分校生态学和演化生物学系（UCLA Department of Ecology and Evolutionary Biology）的野外和海洋生物学季项目（Field and Marine Biology Quarter program），以及落基山生物实验室的教育项目对许多本科项目的资助。

在加州大学洛杉矶分校工作期间，我每年能够花2～4个月的时间在科罗拉多州进行野外考察，我深感幸运。在那里除了研究旱獭、鸟类和鹿之外，我还经常和落基山生物实验室的朋友和同事一起度过快乐的时光，从中我学到了很多。其中，伊恩·比利克（Ian Billick）和珍妮·雷瑟尔（Jennie Reithel）、安妮（Anne）和保罗·埃利希（Paul Ehrlich），以及约翰（John）和梅尔·哈特（Mel Harte）最为突出——他们教会了我很多有关环境政策方面的知识。在洛杉矶与我们的好朋友在晚餐期间进行的无数次讨论，帮助我形成了对科学—证据—政策接合点的看法。这些朋友包括杰妮（Jeanie）和保罗·巴伯、查利·萨伊兰（Charlie Saylan）和马达莱纳·贝亚尔齐（Maddalena Bearzi）、尤金·福尔克（Eugene Volkh）和莱斯利·佩雷拉（Leslie Pireira）、卡利·诺德比（Cully Nordby）和马克·弗赖伊（Mark Frye）、戴维·佩奇（David Paige）和索雷尔·菲茨吉本（Sorel Fitzgibbon）、戴维·倪伦（David Neelen）和克里·詹森（Kerry Jensen），以及马克·戈尔德（Mark Gold）、罗布·哈考特、多米尼克·约翰逊、彼得·卡里耶娃（Peter Karieva）、迈克·莱尼克、雷夫·塞格林和汤姆·史密斯。

和保罗·巴伯在洛杉矶以及和罗布·哈考特在悉尼的冲浪，让我在写作的间隙保持头脑清醒（冲浪过后至少身上是湿漉漉的）。

我的朋友马达莱纳·贝亚尔齐、凯瑟琳·鲍尔斯、道格·埃姆伦（Doug Emlen）和芭芭拉·纳特森-霍罗威茨都给了我很好的建议，告诉我如何与非技术流的读者交流，并对我出版计划的一个或多个草案给出了反馈意见。

我要感谢加州大学洛杉矶分校对我两个学术休假季的支持，其间我完成了本书的初稿。迈克·莱尼克在新南威尔士大学接待了我，本书前半部分的大部分内容是在那里写的。两年后，罗伯-哈考特在麦考瑞大学接待了我，在那里我完成了后面的内容。奥代德·伯杰-塔勒指导我申请了罗斯柴尔德资助计划（Rothschild Fellowship），让我有机会访问了内盖夫本·古里安大学（Ben Gurion University of the Negev）、希伯来大学（Hebrew University）和特拉维夫大学（Tel-Aviv University）。休假期间，我在大学和公开场合发表了各种演讲，其中有一场是在奥胡斯高等研究学院（Aarhus Institute of Advanced Studies）的主旨演讲，这个主旨演讲是关于恐惧的跨学科研讨会的一部分，我在那里了解到了其他各种学科针对恐惧的观点。感谢所有接待方的盛情款待，这些访问增进了我对恐惧本质的认识，从而也支持和帮助我顺利完成本书的写作。

感谢迈克·莱尼克、迪安·莫布斯、迈克尔·帕森斯和杜鲁门·扬对本书部分章节提出的反馈意见。芭芭拉·纳特森-霍罗威茨阅读了整部书稿，她精辟的评论帮助我厘清了思路，凝练了文字。5位匿名审稿人也都提出了建设性意见，我希望通过回答他们所提出的问题，使本书更加有力充实。

有两位朋友和同事值得特别赞许。已故的塞格林花了大量时间给予了我很多颇有启发的观点。通过与塞格林以及自然安全工作小组的合作，我学到了很多关于生命给其他学科带来的智慧。他的去世对我们而言是无法估量的损失，他知识渊博，思维活跃，颇有见地。我与芭芭拉·纳特森-霍罗威茨在演化医学领域的整合性研究已经并将继续带来巨大的回报。她在许多次晚宴上都带给我们深刻而富有创见的谈话，而且她一直都是这个项目的强有力的支持者。

我在哈佛大学出版社（Harvard University Press）的编辑贾尼丝·奥代特（Janice Audet）那里中了大奖，她立即认可了这个项目，并全程指导我将一份计划书整理成书稿出版。她对倒数第二稿所提的编辑意见颇具变革性。正是由于贾尼丝的开创性见解，这本书才更有价值，对此我心存感激。凯瑟琳·布里克（Katherine Brick）是一位出色的文字编辑，她以清晰优雅的笔触帮助我爬梳观点，锤炼文字。当然，书中所有的错误都是我本人的责任。除了奥代特和布里克之外，我还要感谢哈佛制作团队的所有成员。

最后，真诚感谢我的父母、我的妻子也是我的至交好友贾尼丝以及我们的儿子戴维！如果没有他们无私的爱和支持，我就不会成为现在的我。这些年来，贾尼丝和戴维与我共同经历了许多激动人心的时刻，我期待着更多这样的美妙时刻！而且，我最近才发现，贾尼丝有着深藏不露的驯犬师天赋，她成功地用爱，而不是恐惧，来鼓励我们的柯基犬西奥成为最好的“男子汉”。爱能战胜恐惧，这真是一条再恰当不过的真知灼见。谨以此作为本书的结束。

科学新视角丛书

《深海探险简史》

［美］罗伯特·巴拉德　著　罗瑞龙　宋婷婷　崔维成　周　悦　译

本书带领读者离开熟悉的海面，跟随着先驱们的步伐，进入广袤且永恒黑暗的深海中，不畏艰险地进行着一次又一次的尝试，不断地探索深海的奥秘。

《不论：科学的极限与极限的科学》

［英］约翰·巴罗　著　李新洲　徐建军　翟向华　译

本书作者不仅仅站在科学的最前沿，谈天说地，叙生述死，评古论今，而且也从文学、绘画、雕塑、音乐、哲学、逻辑、语言、宗教诸方面围绕知识的界限、科学的极限这一中心议题进行阐述。书中讨论了许许多多的悖论，使人获得启迪。

《人类用水简史：城市供水的过去、现在和未来》

［美］戴维·塞德拉克　著　徐向荣　译

人类城市文明的发展史就是一部人类用水的发展史，本书向我们娓娓道来 2500 年城市水系统发展的历史进程。

《万物终结简史：人类、星球、宇宙终结的故事》

［英］克里斯·英庇　著　周　敏　译

本书视角宽广，从微生物、人类、地球、星系直到宇宙，从古老的生命起源、现今的人类居住环境直至遥远的未来甚至时间终点，从身边的亲密事物、事件直至接近永恒以及永恒的各种可能性。

《耕作革命——让土壤焕发生机》

［美］戴维·蒙哥马利　著　张甘霖　译

当前社会人口不断增长，土地肥力却在不断下降，现代文明再次面临粮食危机。本书揭示了可持续农业的方法——免耕、农作物覆盖和多样化轮作。这三种方法的结合，能很好地重建土地的肥力，提高产量，减少污染（化学品的使用），并且还可以节能减排。

《与微生物结盟——对抗疾病和农作物灾害新理念》

［美］艾米莉·莫诺森　著　朱　书　王安民　何恺鑫　译

亲近自然，顺应自然，与自然合作，才能给人类带来更加美好的可持续发展的未来。

《理化学研究所：沧桑百年的日本科研巨头》

［日］山根一眞　著　戎圭明　译

理化学研究所百年发展历程，为读者了解日本的科研和大型科研机构管理提供了有益的参考。

《纯科学的政治》

［美］丹尼尔·S. 格林伯格　著　李兆栋　刘　健　译　方益昉　审校

基于科学界内部以及与科学相关的诸多人的回忆和观点，格林伯格对美国科学何以发展壮大进行了厘清，从中可以窥见美国何以成为世界科学中心，对我国的科学发展、科研战略制定、科学制度完善和科学管理有借鉴意义。

《大湖的兴衰：北美五大湖生态简史》

［美］丹·伊根　著　王　越　李道季　译

本书将五大湖史诗般的故事与它们所面临的生态危机及解决之道融为一体，是一部具有里程碑意义的生态启蒙著作。

《一个人的环保之战：加州海湾污染治理纪实》

［美］比尔・夏普斯蒂恩　著　杜　燕　译

从中学教师霍华德・本内特为阻止污水污泥排入海湾而发起运动时采取的造势行为，到“治愈海湾”组织取得的持续成功，本书展示了公民活动家的关心和奉献精神仍然是各地环保之战取得成功的关键。

《区域优势：硅谷与128号公路的文化和竞争》

［美］安纳李・萨克森尼安　著　温建平　李　波　译

本书透彻描述美国主要高科技地区的经济和技术发展历程，提供了全新的见解，是对美国高科技领域研究文献的一项有益补充。

《写在基因里的食谱——关于基因、饮食与文化的思考》

［美］加里・保罗・纳卜汉　著　秋　凉　译

这一关于人群与本地食物协同演化的探索是如此及时……将严谨的科学和逸闻趣事结合在一起，纳卜汉令人信服地阐述了个人健康既来自与遗传背景相适应的食物，也来自健康的土地和文化。

《解密帕金森病——人类200年探索之旅》

［美］乔恩・帕尔弗里曼　著　黄延焱　译

本书引人入胜的叙述方式、丰富的案例和精彩的故事，展现了人类征服帕金森病之路的曲折和探索的勇气。

《性的起源与演化——古生物学家对生命繁衍的探索》

［美］约翰・朗　著　蔡家琛　崔心东　廖俊棋　王雅婧　译　卢　静　朱幼安　审校

哺乳动物的身体结构和行为大多可追溯到古生代的鱼类，包括性的起源。作为一名博学的古鱼类专家，作者用风趣幽默的文笔将深奥的学术成果描绘出一个饶有兴味的进化故事。

《巨浪来袭——海面上升与文明世界的重建》

［美］杰夫・古德尔　著　高　抒　译

随着全球变暖、冰川融化，海面上升已经是不争的事实。本书是对这场即将到来的灾难的生动解读，作者穿越12个国家，聚焦迈阿密、威尼斯等正受海面上升影响的典型城市，从气候变化前线发回报道。书中不仅详细介绍了海面上升的原因及其产生的后果，还描述了不同国家和人们对这场危机的不同反应。

《人为什么会生病：人体演化与医学新疆界》

［美］杰里米・泰勒（Jeremy Taylor）著　秋　凉　译

本书视角新颖，以一种全新而富有成效的方式追溯许多疾病的根源，从而使我们明白人为什么易患某些疾病，以及如何利用这些知识来治疗或预防疾病。

《法拉第和皇家研究院——一个人杰地灵的历史故事》

［英］约翰・迈里格・托马斯（John Meurig Thomas）著　周午纵　高　川　译

本书以科学家的视角讲述了19世纪英国皇家研究院中发生的以法拉第为主角的一些人杰地灵的故事，皇家研究院浓厚的科学和文化氛围滋养着法拉第，法拉第杰出的科学发现和科普工作也成就了皇家研究院。

《第 6 次大灭绝——人类能挺过去吗》

[美] 安娜莉・内维茨（Annalee Newitz） 著 徐洪河 蒋 青 译

本书从地质历史时期的化石生物故事讲起，追溯生命如何度过一次次大灭绝，以及人类走出非洲的艰难历程，探讨如何运用科技和人类的智慧，应对即将到来的种种灾难，最后带领读者展望人类的未来。

《不完美的大脑：进化如何赋予我们爱情、记忆和美梦》

[美] 戴维・J. 林登（David J. Linden） 著 沈 颖 等译

本书作者认为人脑是在长期进化过程中自然形成的组织系统，而不是刻意设计的产物，他将脑比作可叠加新成分的甜筒冰淇淋！并以这一思路为主线介绍了大脑的构成和基本发育，及其产生的感觉和感情等，进而描述脑如何支配学习、记忆和个性，如何决定性行为和性倾向，以及脑在睡眠和梦中的活动机制。

《国家实验室：美国体制中的科学（1947—1974）》

[美] 彼得・J. 维斯特维克（Peter J. Westwick） 著 钟 扬 黄艳燕 等译

本书通过追溯美国国家实验室在美国科学研究发展中的发展轨迹，使读者领略美国国家实验室体系怎样发展成为一种代表美国在冷战时期竞争与分权的理想模式，对了解这段历史所折射出的研究机构周围的政治体系及文化价值观具有很好的参考价值。

《生活中的毒理学》

[美] 史蒂芬・G. 吉尔伯特（Steven G. Gilbert） 著 顾新生 周志俊 刘江红 等译

本书通俗而简洁地介绍了日常生活中可能面临的来自如酒精、咖啡因、尼古丁等常见化学物质，及各类重金属、空气或土壤中污染物等各类毒性物质的威胁，让我们有所警觉、保护自己的健康。讲述了一些有关的历史事件及其背后的毒理机制及监管标准的由来，以及对化学品进行危险度评估与管理的方法与原则。

《恐惧的本质：野生动物的生存法则》

[美] 丹尼尔・T. 布卢姆斯坦（Daniel T. Blumstein） 著 温建平 译

完全没有风险的生活是不存在的，通过阅读本书，你会意识到为什么恐惧成就了我们人类，以及如何通过克服恐惧，更好地了解自己、改善我们的生活。